UI设计

精品课程配套教材

21世纪应用型人才培养『十三五』规划教材

『双创』型人才培养优秀教材

主　编：李　翠　姚　冲　辜昕宇

副主编：孟凡卉　朱丹青　阮　艺

　　　　张馨悦　吴　寒　曹译文

河海大学出版社

HOHAI UNIVERSITY PRESS

内容提要

本书主要论述了UI设计的相关理论知识点。

重点论述了UI设计的三个组成部分：交互设计、视觉设计和用户体验设计，并以此展开，通过了解UI设计的三大组成部分，进而了解和掌握UI设计的核心知识要点。详细阐述了UI设计中的交互设计、用户体验及图形界面设计，并对其中的细节如动效、声音及文案等进行了说明。从不同的角度出发，论述各自的特点，便于读者更好地掌握UI设计。

本书同时论述了成为一名UI设计师所应具备的基本技能和所需掌握的相关实操工具等内容。

图书在版编目（CIP）数据

UI设计 / 李翠, 姚冲, 辜昕宇主编. --南京：

河海大学出版社, 2017.8（2021.4重印）

ISBN 978-7-5630-5014-7

Ⅰ.①U… Ⅱ.①李… ②姚… ③辜… Ⅲ.①人机界面—程序设计 Ⅳ.①TP311.1

中国版本图书馆CIP数据核字(2017)第214947号

书	名	UI设计
书	号	978-7-5630-5014-7
责任编辑		毛积孝
封面设计		尤岛设计
出版发行		河海大学出版社
地	址	南京市西康路1号（邮编：210098）
电	话	（025）83737852（总编室）（025）83722833（营销部）
网	址	http://www.hhup.com
印	刷	北京俊林印刷有限公司
开	本	889毫米×1194毫米　1/16
印	张	10
字	数	208千字
印	次	2021年4月第2次印刷
定	价	55.00元

UI设计即User Interface(用户界面)设计，是指对软件产品的人机交互、操作逻辑和界面的整体设计。UI设计行业刚刚在全球软件业兴起，属于高新技术设计产业，与国外在同步发展水平。其次国内外众多大型IT企业(例如：百度、腾讯、阿里巴巴等均已成立专业的UI设计部门，但专业人才稀缺，人才资源争夺激烈，就业市场供不应求。但总的来说，在这一领域，我们与西方发达国家间的差距仍是显而易见的。软件领域不像物质产品那样，存在工艺、材料上的限制，其核心问题恰在于人。因此，提高软件UI设计师的个人能力，真正提升软件产品的人性化程度，已成为中国UI发展的重中之重。

UI设计被很多人认为是当下十分热门和新兴的行业，很多人都趋之若鹜，包括大量的高校在读大学生，而不管自己是否真的适合或者是否准备好可以胜任这个职业。很多大学生在大一期间就盲目地去报班参加社会上所谓的"UI设计培训班"，而不先问清楚为什么要去报班？自己需要的是什么？我为什么要去学？我希望获得什么？更不知道UI设计到底是什么？造成这一现象的主要原因之一就是目前社会对于UI设计的不了解和模糊认知，进而造成大家对于它的盲目"崇拜"。目前很多人对于UI设计的理解大都只停留在视觉设计的部分，比如绘制一个Icon，做一个Banner或者设计一个好看的视觉界面等等，但UI设计并不等于视觉设计，甚至可以说视觉设计并不是UI设计的核心和重点。UI设计的核心是关注人与人的合理行为以及人的心理体验的设计，是需要深入了解和探析人的设计，而不能简单的停留在视觉表面上。所以，正确地认识UI

设计到底是什么也是本书要解决的一个重要的问题，这也是本书写作的目的之一。

　　全书共7章，第1章UI设计概述，本章是从宏观的角度去论述UI设计的基本定义和基本组成部分，如何成为一名UI设计师以及UI设计所需软件的介绍；第2章UI设计的组成，本章介绍了UI设计的三个主要组成部分：交互设计、用户体验设计和图形用户界面设计，并对这三个组成部分的本质进行了归纳，便于大家了解各组成部分在UI设计中的具体职能和分工；第3章UI设计的基本流程，本章是以企业UI设计的基本项目流程为标准，简单介绍一款软件开发的基本流程，它同时也是指导全书书写的一个基本标准和框架，本书的核心内容正是以UI项目的流程标准出发来论述的。第4、5、6三章则是深入详细地分别对UI设计的三大组成部分的核心点进行论述，以更加全面和微观的视角去学习和了解UI设计以及如何去做UI设计；第7章细节设计则是对前面章节的一个补充，分别从UI设计中的动效、声音和文案这些小的细节方面出发，论述如何去完善和提升UI设计的品质。

　　由于时间仓促，编者水平有限，加之目前国内UI设计的研究和应用处在探索和发展阶段，而UI设计在国内各大高校中的研究和开展是还处在初期摸索阶段，所以本书所编写的七个章节中难免会有一些不足和疏漏之处，敬请读者批评指正！

编　者

UI DESIGN

目录

目录

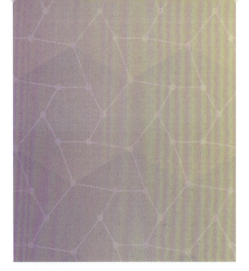

PART 1

第一章

UI设计概述

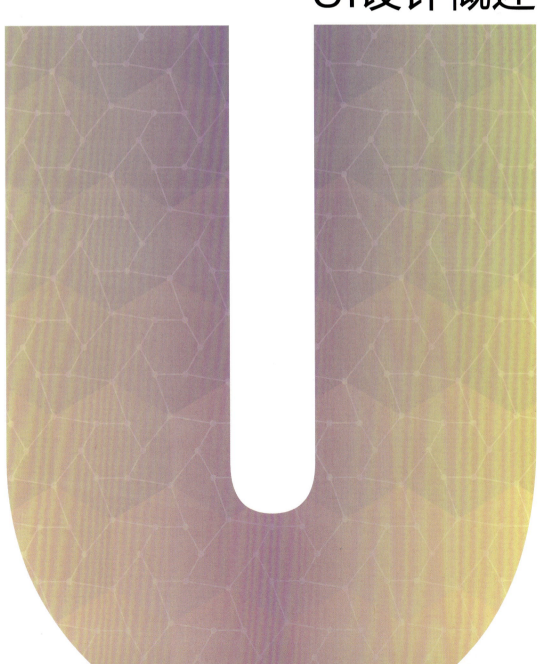

1.1 UI 设计的定义

UI即User Interface（用户界面）的简称。UI设计是指对软件产品的人机交互、操作逻辑和界面的整体设计。在设计理念上，UI设计不仅是让软件变得有个性、有品位，还要让软件产品的操作更加舒适简单、自由，并且能充分体现软件产品的定位和特点。

在飞速发展的电子产品中，UI设计工作越来越被重视，一个电子产品拥有美观的界面不仅给人带来舒适、美好的视觉享受，还可以拉近人与产品的距离。可以说，UI设计是建立在科学性之上的艺术设计，是连接人和科技产品的一个纽带，或是一个桥梁，它的作用尤其重要。检验一个产品的UI设计是否优秀的标准既不是某个项目开发组领导的意见，也不是项目组成员投票的结果，而是产品用户的真实使用心理感受。

如果把UI设计比喻为一个现实中的产品，比如：一个手机、一个电烤箱或者一辆车等，那么，UI设计师的工作不光要让它们从外观上看起来美观大方，符合当下的审美标准，更重要的是通过合理、正确的行为设计能使它的用户获得良好的使用体验和感受，并完成他们想要完成的目标。

UI设计行业常用名词及定义

（1）UI：User Interface，用户界面设计

（2）GUI：Graphical User Interface，图形用户界面

（3）HUI：Handset User Interface，手持设备用户界面

（4）WUI：Web User Interface，网页用户设计

（5）IA：Information Architecture，信息架构

（6）UI（UE）：User Experience，用户体验

（7）IxD：Interaction Design，人机交互

（8）VD：Visual Design，视觉设计

（9）UCD：User Centered Design，以用户为中心的设计

（10）TCD：Task Centered Design，以任务为中心的设计

（11）WIMP：Windows/Icon/Menu/Pointer，窗口/图标/菜单/指示组成的图形界面系统

U 1.2 UI 设计的类型

通过UI设计的定义，可以较为明确地了解到，所谓UI设计它有一个出发点——界面，也就是说UI设计的工作大部分是基于屏幕的设计，是指一切显示在屏幕上的交互系统的设计。所谓的基于屏幕的设计，在当下一般认为分以下3个主要类别：桌面端UI设计、移动端UI设计，以及其他带有屏幕的终端UI设计。

1.2.1 桌面端 UI 设计

个人计算机即PC（Personal Computer），也就是现在大家经常使用的电脑，从台式机（或称台式计算机、桌面电脑）、笔记本电脑到上网本、平板电脑以及超级本等都属于个人计算机的范畴，此类型衍生出的设计门类最主要的就是体现在网页设计领域（如图1-1所示）。

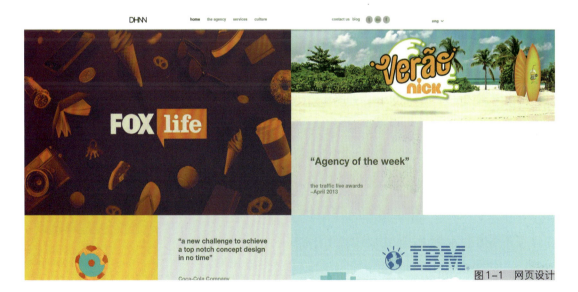

图1-1 网页设计

1.2.2 移动端 UI 设计

移动设备也被称为行动设备（Mobile device）、手持设备（Handheld device）等，智能手机就是这个类别的主要代表，当然类似iPod这类产品也属于这个范畴。因为通过移动设备可以随时随地访问获得各种信息，这一类设备目前已变得非常流行。由此类型衍生出的设计门类也是当下大家比较熟悉的UI设计类型，比如各类App的设计。

关于近几年新兴的"可穿戴式智能设备"（如图1-2所示），在本文中也将其归纳至移动端UI设计的类别。"可穿戴式智能设备"是应用穿戴式技术对日常穿戴的设备进行智能化设计、开发出可以穿戴的设备的总称，如眼镜、手表、手环、手套、服饰及鞋等。

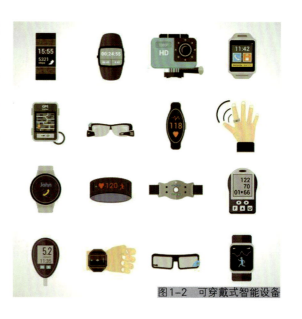

图1-2　可穿戴式智能设备

广义穿戴式智能设备包括功能全、尺寸大、可不依赖智能手机实现完整或者部分功能的设备，如智能手表或智能眼镜等；以及只专注于某一类应用功能的设备，需要和其他设备如智能手机配合使用，如各类进行体征监测的智能手环、智能首饰等。随着技术的进步以及用户需求的变迁，可穿戴式智能设备的形态与应用热点也在不断地变化。由

图1-3　APP设计

此类型所衍生出的UI设计类型主要包括针对某一类应用功能的交互及界面设计和与移动设备类似的各类App设计（如图1-3所示）。

1.2.3 其他带有屏幕的终端 UI 设计

这一类别所包含的范围也比较宽泛，泛指生活工作中除去以上所提到的设备之外的所有带屏幕的设备（如图1-4所示），比如：餐厅外的自动点餐机、ATM机、汽车中控台的显示设备、医院所使用有显示屏幕的医疗器械、公共场所的购票取票机，甚至日常生活中所使用的所有带屏幕的家用电器，比如洗衣机、电冰箱、电烤炉等。这一类型所衍生的设计门类基本上是以针对某产品的功能操作为主的功能交互和界面设计。

图1-4 其他带有屏幕的终端设备

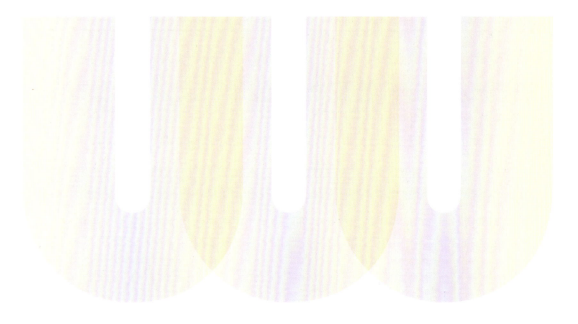

1.3 如何成为一名 UI 设计师

很多设计师认为做设计就是做好"自己的设计"，管好"自己"这一亩三分地，"其他"的设计与我无关，我无需关心。比如：视觉设计师喜欢反复熟练使用各种工具、沉溺于光影之间。他们喜欢摄影、漫画，不放过生活中的每个瞬间，希望能够找到设计的灵感。而交互设计师却喜欢玩各种移动设备、用思维导图整理思路，用Omnigraffle制作流程图，绘制各种朴素的线框图等。

爱因斯坦非常喜欢听贝多芬的音乐，虽然他们属于不同领域。设计也同样如此，设计是生活的一部分，设计表现生活，但设计并非生活的全部。设计师首先要跳出"设计"，从其他的角度、在不同的生活体验中反复领悟设计。这样，设计师才能看得更远——设计师该关心的，不仅仅是设计。

良好的UI设计师，懂得建立完善的用户角色模型，会在心中模拟用户的使用环境，以用户的角度为出发点，打造贴心的UI设计产品。从用户的需求、用户的痛点出发，透过种种现象看清本质，这需要研究用户、学习用户，充分掌握用户动机。

这里提供了4条建议，希望能让你成为更好的UI设计师。

1.3.1 创建一个自己的 UI 设计分享平台

这个平台的形式是多种多样的，大家完全可以根据自己的喜好来选择，它可以是一个微博账号、一个微信账号、一个博客等等都可以，重要的是用它们可以分享你的设计感想和观点。

大家可能会觉得这是一件很简单的工作，无外乎就是写篇微博或者发个朋友圈嘛，就像记日记一样的简单，但是这里且不说内容是否有料，单"坚持"二字就有很多人都难已做到。所以，大家可以尝试开一个属于自己的UI设计分享账号（或者其他平台），设定发布的频率，比如每周两篇，每篇800字等，重点是坚持下去，相信只要你坚持下去，就一定会在UI设计上有所斩获。以下分享一些小小的感想，供大家参考。

（1）很多UI设计的理论，看起来非常简单，但是当你写出来的时候，每一句话、每一个字，甚至每一个标点符号都要经过精心推敲斟酌才可以，因为你所写出来的语句需要对你的读者负责，不能想到哪里就是哪里，毫无逻辑或信口开河，要尽可能地写自己有把握的、有理论或实际依据的内容。在这个斟酌的过程中，你就需要不断地提出、推翻、提出、推翻……在这个不断提出推翻的过程中，你就会对这个理论或观点理解得越来越深入、透彻。

（2）发布你对UI设计的感想或者观点本身也是需要一定的文字语言组织基础的，所以文章写得越多，你的文笔就会越来越有进步。我们发布在任何平台上的文章，想要吸引用户去阅读，除了需要有确确实实的内容之外，你的文字简练、直击重点、不拖泥带水也是非常重要的。所以，当你的文章写得越多，那你就越会写文案，你的文笔也就越来越简练、高效！这样，你在面对你的客户时，你也可以表达得更清晰、更有逻辑！

（3）写故事也是一种很好的分享

我们的平台所发布的内容不一定非要是跟UI设计相关的内容。也可以是关于你自己的一些生活日常，或者你在生活中遇到的一些有趣的人和故事。学会用故事去传达你的情感，这本身也是一种表达你的世界观、价值观和设计观的一种方式。

（4）其实无论你的发布平台是博客、微博还是微信，阅读你文章的读者其实就是你的"用户"，阅读本身也是要讲究用户体验的，如果你能够学会怎样愉悦你的读者，那么你就能更好地理解和驾驭用户体验设计。

（5）写作能够记录、整理、保持我们对设计的热情与看法。

1.3.2 走进用户，多和用户交流

从事设计工作从来都不怕缺乏所谓的技能，因为这些都是可以通过一段时间的努力和训练以及时间的积累获得，而设计的灵感则需要通过对生活细心地观察和善于思考的心来弥补。但这些还不足以让你设计出一个成功的作品，因为你还缺乏一个坚实的支撑，那就是用户！设计师必须走出去，多做用户研究，多问问用户真实的想法并仔细研究分析才能更好地开展自己的设计工作。比如：在日常工作和生活中，我会留意观察身边的家人、朋友甚至是陌生人。等公交的时候、吃饭的时候、工作的时候等等，我都会去留意身边的人的一些生活习惯，有时候我也会跟他们聊两句，比如：我会问我的朋友他们为什么会选择这个品牌的产品，这些产品有什么优点或缺点，它们又是如何改变了他们的生活方式和生活习惯等。

如果你想设计一款针对上班族的音乐播放软件，那么你就需要走进公交、地铁去实地了解他们真正的需求是什么，以及他们的使用状态和使用习惯等。这些都会对你设计这款应用有极大的帮助。

只有了解了用户的使用习惯、个人喜好、个人需求等，你在做设计的时候，才会有一个更加清楚明细的设计方向，那么你的设计就可以有理可依、有迹可循。交互设计本身就带有一定的沟通意味，巧妙的交互方式需要人来完成，所以多出去和用户聊聊，获取他们的真实想法，并体现在设计中，就一定能有所收获。

1.3.3 走进同行，多和同行交流

"某某程序你下载了吧，里面的界面设计真棒！交互、动效也处理得非常好！"

"PS新出的那个功能你用了吗？太方便了，节省了我好多工作时间！"

多和设计师沟通聊天，你可以从中收获很多知识，比如：新的技术、新的产品、新的设计思路，或者很多经验……

和测试员交流，他可以告诉你，在程序测试阶段，经常会出现的一些问题是什么。

和产品经理交流，他能够告诉你市场、行业、项目等方面的知识。

和同行沟通聊天，你可以获取很多专业之外的知识和讯息，这样你就可以不断地扩充和多样化自己的知识储备。即使你们所谈论的是你所了解的领域，你仍然可以通过谈话了解他们在对待相同事物的其他看法。每个人都不一样，每个人对同一件事的看法也会不同，多吸取他人的观点，就能以一个全新的视角去看待这个问题。

1.3.4 利用工作之余，学习简单的编码

从事UI设计工作，你可能会遇到这样的一个问题：在一款新的产品交流大会上，你对这款产品的设计提出了一些新的设计想法，你个人觉得很不错，比如一个简单的动效。但是，程序员这个时候会冷冷地说，你的这个想法没法实现。大部分的设计师在这个时候都会比较沮丧，因为一个好的设计点子就这样因为自己对编码的不熟悉而被抹杀了。

所以，设计师可以多学习一些简单的编码，没准能改变你设计产品的命运。

这里不是让你真的像程序员那样去系统深入地学习编程的每一个细节，而是让你去了解你设计作品的原型和理念。设计师自己首先要会和程序员沟通，而且在很多情况下，一定的编码知识能让设计师跳出一些感性的甚至是不切实际的设计想法，而用更理性的思维方式去做更好的设计。

除此之外，还要眼界开阔，不局限于设计，多观察、多交流、多多涉猎其他的学科知识，这样才能更加快速地成长。

U 1.4 UI 设计师需要掌握的主要软件

目前的UI设计师技法这块基本是以下述4款软件为主，掌握了这4款软件，基本UI设计技能也就没有太大问题了，不过也有少部分公司认为只会这4款软件是不够的，设计师掌握的软件要依据其所任职公司的主要工作方向和目标而定。这4款软件中的PS、AI主要用来做界面，AE用来做动效，ARP用来做交互原型。

1.4.1 PS 全称 Photoshop

PS是UI设计中用得最多的软件，90%以上的UI设计师都应熟练掌握PS这款软件（如图1-5所示），其处理图片功能非常强大，调色方面也不错，还有图层样式、布尔运算方面都是UI设计必备的操作工具。不过PS也有劣势，因为PS主要是针对位图的编辑和加工软件，所以它在绘制矢量图形及排版方面略微欠缺，但是现在随着PS版本的不断更新，它在矢量图绘制这个部分已经做得越来越好了。除此之外，一般一款应用的PS源文件所包含的图层非常多，所以图层管理工作也相对比较繁复，PS软件在这方面也有比较好的表现。PS在UI设计中主要可用于绘制界面视觉设计部分和图标设计部分工作。

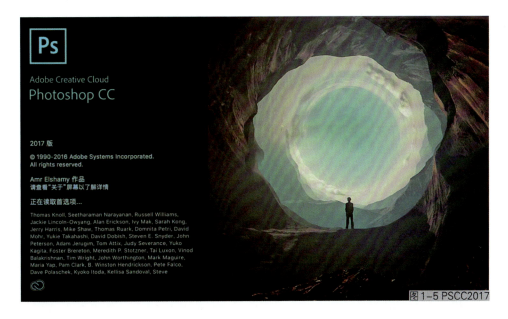

图1-5 PSCC2017

1.4.2 AI 全称 Illustrator

AI是一款矢量绘图软件（如图1-6所示），在做UI图标时效果非常不错，特别是在绘制扁平化图标方面很好用，因为用矢量功能画出来的图形可以放大缩小而不影响其品质。其劣势是不能调色，做拟物化图标方面效果不是很好。

图1-6　AICC2017

1.4.3 AE 全称 After Effects

AE主要是用来做影视后期视频特效的（如图1-7所示），但是在UI设计中使用的话就是用来做一些UI的交互动效。动效方面AE是效率最高的软件，不过不能用AE画图标做界面，这方面AE不擅长。

图1-7　AECC2017

1.4.4 ARP 全称 Axure RP

该软件主要用于做原型图，在交互设计原型这方面是比较常用的一款软件（如图1-8所示）。

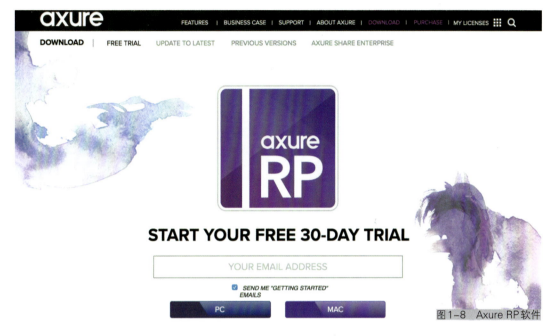

图1-8　Axure RP软件

最后补充一句，软件只是一个工具，千万不要觉得会了软件就会了设计，不要太依靠软件，会了工具后还要学习理论知识才能成为一个合格的UI设计师。在软件安装这一部分，建议大家安装新版本。新版本的功能非常多，例如PS和AI最新的版本可以直接右键导图，也可以直接导出IOS和Android对应格式的图，非常方便。

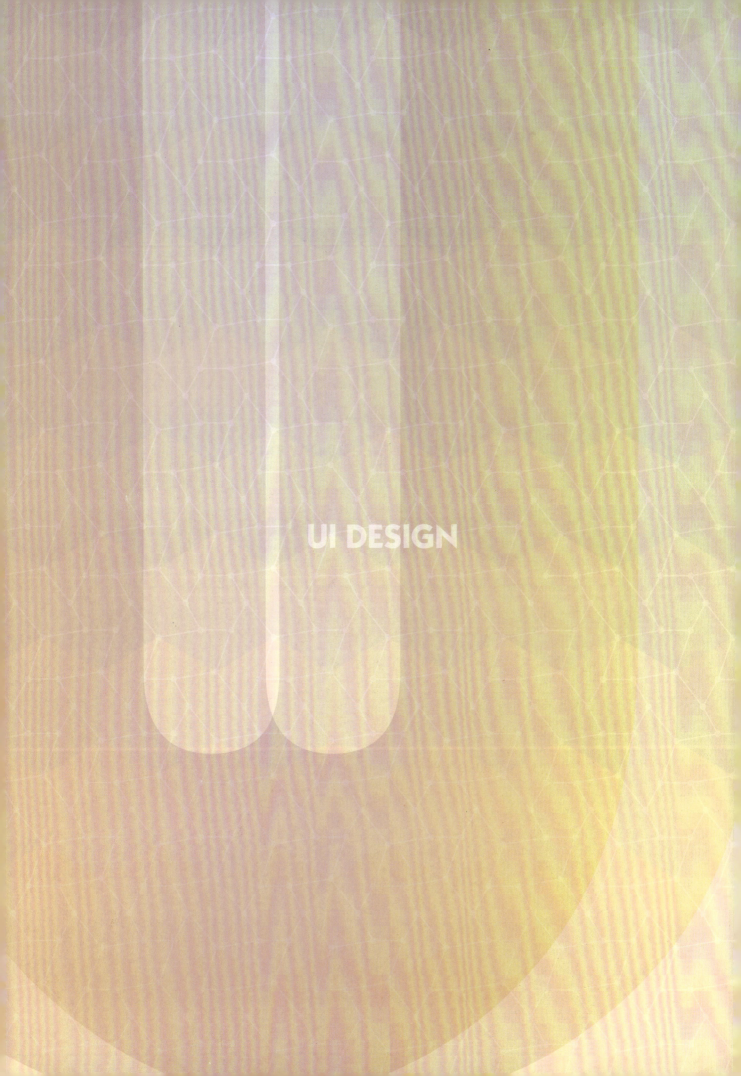

UI DESIGN

PART 2 第二章

UI设计的组成

UI设计，即用户界面设计。从字面上可以理解UI是由用户和界面两个部分组成，而实际上如果一个界面能够被用户使用，并达成用户的目标，使用户感到满意，也能在一定程度上提高产品的使用效率，同时能够让用户在使用这个产品的时候感到心情愉悦，那么产品的交互设计就显得尤其重要。交互设计是用户界面设计所关注的第3个组成部分，同时也是将用户与界面这两个组成部分能很好连接起来的桥梁。综上所述，用户界面设计（UI设计）主要由3个部分组成，分别是：交互设计（Interaction Design，简称IxD）、用户体验（User Experience，简称UE或UX）和图形用户界面设计（Graphical User Interface Design，简称GUI）。

本章将从UI设计的定义、用户体验、图形用户界面设计和UI设计三个组成部分的本质方面去进行论述。

U 2.1 交互设计

2.1.1 交互设计的定义

交互设计（英文Interaction Design, 缩写IxD），是定义、设计人造系统行为的设计领域，它定义了两个或多个互动的个体之间交流的内容和结构，使之互相配合，共同达成某种目的。交互设计努力去创造和建立的是人与产品及服务之间有意义的关系，以"在充满社会复杂性的物质世界中嵌入信息技术"为中心。交互系统设计的目标可以从"可用性"和"用户体验"两个层面上进行分析，关注以人为本的用户需求。

交互设计的思维方法建构于工业设计以用户为中心的方法，同时加以发展，更多地面向行为和过程，把产品看作一个事件，强调过程性思考的能力。流程图与状态转换图和故事板等成为重要的设计表现手段，在此过程中，更重要的是掌握软件和硬件原型实现的技巧方法和评估技术。

交互设计在于定义与人造物的行为方式（the "interaction"，即人工制品在特定场景下的反应方式）相关的界面。交互设计作为一门关注交互体验的新学科在20世纪80年代就产生了，它由IDEO的一位创始人比尔·摩格理吉（Bill Moggridge）在1984年一次设计会议上提出，他一开始给它命名为"软面（Soft Face）"，由于这个名字容易让人想起和当时流行的玩具"椰菜娃娃（Cabbage Patch Doll）"，他后来将它更名为"Interaction Design"，即交互设计。

2.1.2 交互设计的行业发展

（1）初创期（1929年—1970年）

1959年，美国学者B.Shackel提供了人机界面的第一篇文献《关于计算机控制台设计的人机工程学》。

1960年，LiklderJCK首次提出"人际紧密共栖"的概念，被视为人机界面的启蒙观点。

1969年，第一次人机系统国际大会顺利召开，同年第一份专业杂志"国际人际研究（UMMS）"创刊。

（2）奠基期（1970年—1979年）

从1970年到1973年出版了4本与计算机相关的人机工程学专著。

1970年成立了两个HCI研究中心：一个是英国的Loughbo rough大学的HUSAT研究中心，另一个是美国Xerox公司的Palo Alto研究中心。

（3）发展期（1980年—1995年）

理论方面，交互设计从人机工程学独立出来，更加强调认知心理学以及行为学和社会学等学科的理论指导。

实践范畴方面，从人际界面拓延开来，强调计算机对于人的反馈交互作用。"人机界面"一词被"人机交互"所取代。HCI中的"I"，也由"Interface（界面/接口）"变成了"Interaction（交互）"。

（4）提高期（1996年—至今）

人机交互的研究重点放到了智能化交互，多模态（多通道）——多媒体交互，虚拟交互以及人机协同交互等方面，也就是"以人为中心"的人机交互技术方面。

2.2 用户体验

2.2.1 用户体验的定义

用户体验（User Experience，简称UE/UX）是一种用户在使用产品过程中建立起来的纯主观感受，但是对于一个界定明确的用户群体来讲，其用户体验的共性是能够经由良好的设计实验来认识到的。计算机技术和互联网的发展，使技术创新形态正在发生转变，以用户为中心、以人为本越来越得到重视，用户体验也因此被称作创新2.0模式的精髓。

ISO 9241-210标准将用户体验定义为"人们对于针对使用或期望使用的产品、系统或者服务的认知印象和回应"。通俗来讲就是"这个东西好不好用，用起来方不方便"。因此，用户体验是主观的，且其更注重实际应用时产生的效果。

ISO定义的补充说明有如下解释：用户体验，即用户在使用一个产品或系统之前、使用期间和使用之后的全部感受，包括情感、信仰、喜好、认知印象、生理和心理反应、行为和成就等各个方面。该说明还列出3个影响用户体验的因素：系统、用户和使用环境。

ISO标准的第3条说明暗示了可用性也可以作为用户体验的一个方面，如"可用性标准可以用来评估用户体验一些方面"。不过，该ISO标准并没有进一步阐述用户体验和系统可用性之间的具体关系。显然，这两者是相互重叠的概念。

2.2.2 用户体验的发展简史

（1）公元1430年左右：达芬奇的"厨房噩梦"

Michael Gelb 在他的著作《如何像达芬奇一样思考》（How to Think like Leonardo da Vinci）中讲述了米兰公爵委托达芬奇为高端宴会设计专属厨房的故事。这位伟大的艺术大师将他一贯的创造性天赋运用在这次厨房设计中，他将技术和用户体验设计融入到整个厨房的细节里面，比如传送带输送食物，也首次在厨房的安全设计中加入了喷水灭火系统。

有意思的是，达芬奇的设计和很多开创性的设计一样，不足之处也非常明显。如传送带是纯人工操作，工作不太正常，更麻烦的问题出在喷水灭火系统上，失灵的设计捎带损毁了不少食物。

虽然达芬奇的这次尝试令厨房的使用化身为噩梦，但是作为用户体验设计的早期实践，却有着无比重要的历史意义。

（2）20世纪初：Taylorism 和工业革命

作为最早的管理顾问之一，机械工程师 Frederick Winslow Taylor 撰写了《科学管理原理》一文，深刻地影响了工程效率领域的研究。随着Henry Ford的福特汽车（如图2-1所示）实现大规模生产，Taylor和他的支持者们也逐渐完善了劳动者和工具之间高效协同交互的早期模式。

图2-1 亨利·福特和他设计的汽车

（3）1948：丰田人性化的生产系统

和福特一样，丰田（如图2-2所示）不仅非常重视设计和生产效率，而且对于人工输出效率也非常关心。生产过程中装配工人受到了更多的重视，几乎不亚于对技术的关注。精益生产模式的巨大成功，使得人与技术之间的交互得到了更多的重视。

图2-2 丰田汽车

（4）1955：Dreyfuss，为人的设计

美国著名工业设计师Henry Dreyfuss 在这一年写下了著名的设计书《为人的设计》（Designing for People）。在书中，他写道：当产品和用户之间的连接点变成了摩擦点，那么工业设计师的设计就是失败的。相反，如果产品能让人们感觉更安全、更舒适、更乐于购买、更加高效，甚至只是让人们单纯地更加快乐，那么此处的设计师是成功的。随

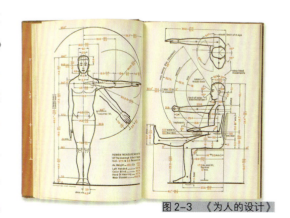

图2-3 《为人的设计》

着人与产品的接触越来越多，他在书中所讲述的许多设计规则（如图2-3所示），被大家越来越多地引用。

（5）1966：迪士尼和开心效应

在迪士尼世界早期建设阶段，Walt Disney 在公告中是这样描述它的："……它（迪士尼世界）会成为一个坚持使用最新的技术改善人们生活的地方……"他将想象力和技术结合，为全世界所有人带来了无限的开心和喜悦，并激励着设计师们（尤其是用户体验设计师）前行。

（6）20世纪70年代：施乐PARC和个人电脑

作为施乐最出名的研究机构，PARC为随后大范围普及的个人电脑的设计型态（如图2-4所示）和交互逻辑定下了基调。Bob Taylor，作为一名训练有素的心理学家和工程师，带领着他的团队构建出了人机交互领域最重要也是最普及的工具，包括图形化界面（GUI）和鼠标。随后乔布斯和盖茨先后访问了PARC，参考了施乐之星的设计，为今天的苹果和微软开辟了通向未来的道路。

（7）1995：Don Norman，第一个用户体验专家

身为电气工程师和认知科学家的Don Norman（如图2-5所示）加盟苹果公司之后，帮助这家传奇企业对他们以人为核心的产品线进行研究和设计，而他的职位则被命名为"用户体验架构师"（User Experience Architect），这也是首个用户体验职位。

图 2-4　施乐的个人电脑

图 2-5　Don Norman 唐·诺曼

在这个阶段，Don Norman 还撰写了经典的设计书《设计心理学》（The Design of Everyday Things），直到今天它依然是设计师的必读书。

（8）2007: iPhone

2007年MacWorld上，乔布斯发布了iPhone（如图2-6所示），称其为"跨越式产品"，并承诺它会比市面上任何智能手机都要易用。随后，iPhone不仅兑现了乔布斯的承诺，而且彻底改变了智能设备领域的格局，苹果公司再一次登顶，成为世界上最成功的公司之一。

图2-6 2007年发布的iPhone一代

iPhone的绝妙之处在于，它融合了当前最卓越的软件和硬件系统，借助革命性的电容触摸屏而非传统的物理键盘来同用户进行交互。可以说，初代的iPhone所提供的用户体验，远远优于同时代的任何手机。

这也在无意中让智能设备的软硬件研发和相关领域将重心放到用户体验上来。苹果公司强调他们是通过提供出色的用户体验赢得市场成功和无上荣誉的，其他人自然而然就跟随着他们的脚步前进。

2.3 图形用户界面设计

2.3.1 图形用户界面设计的定义

图形用户界面设计（Graphical User Interface Design，简称 GUI，又称图形用户接口）是指采用图形方式显示的计算机操作用户界面，与早期计算机使用的命令行界面相比，图形界面对于用户来说在视觉上更易于接受。图形界面的特点是人们不需要记忆和键入繁琐的命令，只需要使用鼠标直接操纵界面。简单来说，图形用户界面设计就是所谓的界面美工设计，这一部分所关注的重点就是界面的美观以及和视觉相关的设计工作。

2.3.2 图形用户界面设计的发展史

1983年，苹果推出了历时3年时间打造的Apple Lisa电脑，这是当时全球首款采用图形用户界面（GUI）和鼠标的个人电脑，售价高达9935美元。虽然这台电脑推出后，市场销售情况比较惨淡，但这仍然无法改变其对整个图形用户界面设计领域的巨大影响。苹果公司所推出的Macintosh以其全鼠标、下拉菜单操作和直观的图形界面，引发了计算机人机界面的历史性变革。而后微软公司推出了Windows系统，从1985年11月正式发布的Windows 1.0发展到2015年7月推送的Windows 10，使得GUI被应用于用户面更广的个人计算机平台。图形用户界面的大致发展史可分为如下几阶段。

（1）NeXT OS

1986年，离开苹果公司的史蒂夫·乔布斯创立了NeXT Technology，发明了这个于1997年之前在用户友好度方面独霸第一的NeXT OS（NeXT STEP），它的功能甚至比在14年后发布的Windows XP还强大。1997年乔布斯回归苹果公司后，买下了NeXT Software（NeXT更名过一次）为Mac OS 7打下坚实的基础。

（2）Mac OS 6

1996年初，苹果宣布推出其 High 3D GUI 界面。1999年，推出全新的操作系统 Mac OS X 10.01 BETA，默认的 32×32，48×48 图标被更大的128×128 平滑半透明图标代替。该GUI 一经推出立即招致大量批评，似乎用户都对如此大的变化还不习惯，不过没过多久，大家就接受了这种新风格，如今这种风格已经成了Mac OS 的招牌。

（3）Windows XP

2001年，微软推出了至今仍有3亿客户支持的Windows Luna 2D UI和X86-64 Wintel的Windows XP（如图2-7所示），每一次微软推出重要的操作系统版本，其 GUI 也必定有巨大的改变，Windows XP 也不例外。这个 GUI 支持皮肤，用户可以改变整个 GUI 的外观与风格，默认图标大小为 48×48，支持上百万种颜色。

图 2-7　Windows XP

（4）KDE

　　KDE（如图2-8所示），K桌面环境（Kool Desktop Environment）的缩写。一种著名的，运行于Linux、Unix以及FreeBSD等操作系统上的自由图形桌面环境，整个系统采用的都是TrollTech公司所开发的Qt程序库（现在属于Digia公司）。

　　K桌面项目始建于1996年10月，确切的公布日期是1996年10月14日。K桌面项目是由图形排版工具Lyx的开发者、一位名为Matthias Ettrich的德国人发起的，目的是为满足普通用户也能够通过简单易用的桌面来管理Unix工作站上的各种应用软件并完成各种任务。

　　自从KDE 1.0以来，K Desktop Environment 改善非常的快，其GUI对所有图形和图标进行了改进，并统一了用户体验。

图2-8　KDE

（5）Windows Vista

2005年7月22日，微软宣布Windows Vista为这款新操作系统的名字。微软在2006年11月2日完成GA版本，向OEM和企业用户发布。2007年1月30日，正式向普通用户出售，这是Windows历史上间隔时间最久的一次发布。

Windows Vista较上一个版本Windows XP增加了上百种新功能，其中就包括被称为"Aero"的全新图形用户界面，GUI开始采用3D桌面了。这是微软向其竞争对手做出的一个挑战，Vista中同样包含很多3D和动画，自Windows 98以来，微软一直尝试改进桌面，在Vista中，他们使用类似饰件的机制替换了活动桌面，不过Linux下的3D桌面更为夸张。

（6）Leopard

Leopard是Apple公司出品的操作系统，Mac OS X 迄今为止最大的一次升级。Leopard 拥有300多种创新功能，于2007年10月26日正式上市。

Leopard这是第6代的Mac OS桌面系统，与Vista一样，引入了更好的3D元素，GUI还包含有大量的动画。Leopard中包含的出色设计亮点有如下几点。

① Quick Look，使用 Leopard 中的 Quick Look 功能，你不用打开文件，就可以查看其中的内容。翻看多页面的文档，欣赏全屏视频，浏览整个Keynote演示文稿。轻点一下鼠标，上述功能即可全部实现。

② Boot Camp，该软件是苹果电脑公司于2006年4月5日推出的基于英特尔处理器的Mac电脑运行Windows操作系统的公共测试版软件。它能让用户使用Windows安装盘在基于英特尔处理器的Mac上安装Windows操作系统，安装完成之后，用户即可重新启动他们的电脑，选择运行Mac OS X或是Windows。

（7）KDE 4

KDE 4的GUI提供了很多新改观，如动画的、平滑的、有效的窗体管理，图标尺寸可以很容易调整，几乎任何设计元素都可以轻松配置，相对前面版本的GUI绝对是一个巨大的改进。

2.3.3 图形用户界面设计的组成

推动UI设计大踏步向前发展的是个人电脑的流行。在20世纪80年代，个人电脑的发展推动了图形用户界面的大行其道。图形用户界面这一界面模式真正商业化是在苹果Lisa（如图2-9所示）电脑及其Macintosh系统出现之后，同时代也出现了大批的基于GUI的操作系统，包括Windows GUI的出现让人与计算机的交互过程变得丰富而有趣起来，这一模式也成为图形用户界面设计的主流。1983年Lisa作为世界首款图形化电脑问世，虽然市场表现不尽如人意，但Lisa的意义还是非常巨大的，基本上奠定了Macintosh的形态和操作系统的发展方向。

GUI中最重要的模式为WIMP，即窗口（Windows）、图标（Icon）、菜单（Menu）和指示（Pointer），以及上述要素组成的图形界面系统，该系统中还包括一些其他元素，例如各种栏（Bar）、按钮（Button）等。

图 2-9 苹果 Lisa

（1）窗口

窗口是应用程序为使用数据而在图形用户界面中设置的基本单元，应用程序和数据在窗口内实现一体化。在窗口中，用户可以操作应用程序，进行数据的管理、生成和编辑。通常在窗口四周设有菜单、图标，数据放在中央。

在窗口中，根据各种数据/应用程序的内容设有标题栏，一般放在窗口的最上方，并在其中设有最大化、最小化（隐藏窗口，并非消除数据）、最前面、缩进（仅显示标题栏）等动作按钮，可以简单地对窗口进行操作。

① 单一文件界面

在窗口中，一个数据在一个窗口内完成的方式。在这种情况下，数据和显示窗口的数量是一样的。若要在其他应用程序的窗口使用数据，将相应生成新的窗口。因此窗口数量多，管理也比较复杂。

② 多文件界面

在一个窗口之内进行多个数据管理的方式。这种情况下，窗口的管理简单化，但是操作变为双重管理。

（2）图标

图标是具有明确指代含义的计算机图形，其中桌面图标是软件标识，界面中的图标是功能标识。图标源自于生活中的各种图形标识，是计算机应用图形化的重要组成部分。

图标应用于计算机软件或手持设备应用程序等界面中，包括：程序图标、工具栏图标、数据图标、命令选择、模式信号或切换开关、状态指示等。

一个图标是一个小的图片或对象，代表一个文件、程序、网页、命令或功能指代。图标有助于用户快速执行命令和打开程序文件，单击或双击图标以执行一个命令。图标也用于在浏览器中快速展现内容，所有使用相同扩展名的文件具有相同的图标。

图标有一套标准的大小和属性格式，根据图标所运用的平台而有不同的要求。每个图标都含有多张相同显示内容的图片，每一张图片具有不同的尺寸和发色数。一个图标就是一套相似的图片，每一张图片有不同的格式。从这一点上说图标是三维的。图标还有另一个特性：它含有透明区域，在透明区域内可以透出图标下的桌面背景。因为计算机操作系统和显示设备的多样性，导致了图标的大小需要有多种格式。

（3）菜单

菜单是指将系统可以执行的命令以阶层的方式显示出来的一个界面，一般置于画面的最上方或者最下方，应用程序能使用的所有命令几乎都能放入。以PC端菜单设计为例，菜单的设计会依据其重要程度一般是从左到右安排，越往右重要程度越低。命令的层次根据应用程序的不同而不同，菜单栏上文件的操作、编辑等功能较为常用，因此放在最左边，然后往右有其他各种功能设置等，最右边往往设有帮助，通常使用鼠标的第一按钮进行操作。

（4）指示

菜单中，利用程度高的命令用图形表示出来，配置在应用程序中，被称为指示。

应用程序中的指示，通常可以代替菜单。一些使用程度高的命令，不必通过菜单一层层翻动才能调出，因此使用指示极大地提高了工作效率。但是，各种用户使用的命令频率是不一样的，因此这种配置一般可由用户自定义编辑。

2.4 UI 设计三个组成部分的本质

图形用户界面设计、交互设计和用户体验三者构成了一个完整的UI设计体系，同时，任何一款软件产品的设计是否成功的标准也需要从这3个方面去同时考量和评估。

UI设计的这3个组成部分，在一款完整的软件设计工作中承担着各自不同的角色，缺一不可。

2.4.1 交互设计——行为设计

"交"指把事物交给有关方面，连接、交叉、相遇……。"互"指互相。所以"交互"是指"两个或多个互动个体之间的一种交流行为"，而所谓的"交互设计"指为用户在使用产品时的行为赋予有意义的秩序，使用户可以快速、准确地做出正确的信息解读并对产品做出相应反馈的设计。综上所述，交互设计的本质其实是一种行为设计，一种针对用户正确、高效、愉悦地使用产品并达到用户使用目的的行为设计。交互设计的目的就是通过对产品的界面和行为进行交互设计，让产品和它的使用者之间建立起一种有机关系，从而可以有效达到使用者的目标。

所以，"交互"是一种行为，而"交互设计"则是一种行为设计。在某一行为中，用户会发出自己的行为请求，接受者（所设计的产品，包括软件产品）随之给予用户反馈和后续行为的引导。在应用程序设计中经常使用的一些经典交互设计方式有：下拉程序界面为刷新；向右滑动界面选项栏会调出"删除"等功能；长按可以调出隐藏操作菜单；双击图片可以实现放大的操作目的等等，这些都是大家非常熟悉的界面操作方式，同时也是实现程序执行的常用交互方式之一。除此之外，交互设计同时也需要关注用户的使用习惯和使用需求，通过界面元素的形态设计以及位置布局来实现产品的良好交互设计。比如：一般在一个界面里，设计者会把这款应用程序里重要的功能按钮放置在界面的中下靠后的位置，因为这样更方便用户使用操作的惯用手——右手去操作（惯用左手者例外）；反之，会把一些不经常使用或者一些危险的操作（例如删除操作）放置在用户不容易点击的左上角区域（如图2-10所示）。当然，交互设计更应该关注的是整个应用程序的流畅跳转及用户使用的正确引导，要仔细研究用户的使用习惯和使用心理，进而将其运用到设计中，设计出符合用户使用习惯的交互产品。举个例子来说明一下交互设计的工作：房前的小路如何方便进出？如何增加人们交往与偶遇的机会？房间的格局如何设计并让大人小孩都能各得其乐？窗户朝向如何布局来增加光照……这些都是交互设计要考虑的问题，另外还需考虑信息架构、交互流程等等。

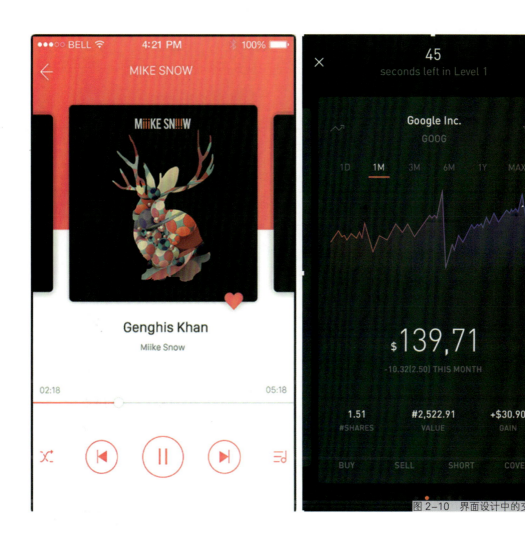

图 2-10　界面设计中的交互设计

2.4.2 用户体验——感受设计

前文已经提到用户体验（User Experience，简称UX），是一种在用户使用产品过程中建立起来的纯主观感受。仔细分析这个定义，它其中包含了3个关键词，分别是"用户"、"过程中"和"主观感受"。这3个关键词构成了用户体验的灵魂，也是为什么我们定义用户体验为感受设计的原因，接下来我们就从这3个关键词出发来帮助大家理解用户体验设计的本质。

（1）用户

所有的设计起点是人，落脚点也是人，都是为人服务的，这里的人也就是用户，所以关注用户是每一个设计都必须要考虑的重点，对于用户体验来说，用户的重要性不言而喻，可以说脱离了用户，是无法评价一个产品的用户体验的。用户其实是一个很庞大、模糊且难以准确界定的概念，所以我们在开始任何一项设计工作前，一定要先确定自己的目标用户群体，将这个模糊的概念尽可能的清晰化、缩小化、明确化，因为对于不同的目标用户来说，"好的用户体验"标准是不同的，所以在此我们提出，好的用户体验设计是"因人而异"的。

很多人都认为我们应该将产品做得尽量"简单"，最大限度地降低用户的学习成本，最好能让用户在一种无意识状态下就能自然自发的去使用我们的产品，只有满足这一点才是一个好的用户体验设计。事实上，这个原则可能对于大部分面向大众的产品来说是没有多大问题的，但是也会有一些特殊的情况，需要设计师关注自己的目标用户群体，"因人而异"地去做设计。在这里我们以大家日常生活中经常使用的图像处理软件"美颜相机"和"Photoshop"来说明这个观点，希望能通过这个小的案例分析认识到好的用户体验设计中，"因人而异"设计的重要性。

我们知道"美颜相机"和"Photoshop"都可以处理图片，但是它们的用户体验哪个好，哪个不好？这个问题的结果估计是"公说公有理，婆说婆有理"。美颜相机（如图2-11所示）的目标用户一般是一些平时喜欢拍照的年轻用户，特别是年轻的女性用户。她们希望能让自己的照片更加的漂亮，而且重点是希望能快速简单地把图片处理出来，发布到社交平台上跟朋友们分享。简单的说，她们对于图片处理的需求是：可以快速简单地处理图片、且易于上手。对于一些没有设计软件使用基础的人来说，美颜相机一定是她们的上佳选择，因为它可以将图片处理的工作直接简化为简单的点按，选择这些操作就能达到把自己变得更美的需求。相比较美颜相机的简单、易上手，Photoshop就相对复杂很多，需要有一定的设计和美术基础，并且要经过一定时间的学习操作才能完成一张图片的简单处理工作。相比较之下，美颜相机的用户体验针对需求简单这一类用户而言，它当然会比Photoshop要好很多。

再说Photoshop的目标用户，一般都是专业的设计师，他们对于图像处理的要求也会更高。对于一个专业的设计师来说，他用Photoshop工作，"能够最大限度的帮助设计师表达他们的创意"，这才是好的用户体验。为了做到这一点，专业的设计师并不介意去深入地学习这个软件的使用

图 2-11　美颜相机的产品界面

方法。从"易用性"来看，Photoshop显然不够易用，但对于专业设计师来说，它的体验太棒了！

所以，用户体验的评价标准应从用户角度出发，它的首要点就是要明确自己的目标用户群体，以他们的需求来设计适合他们的良好用户体验。

（2）过程中

"过程中"在这里我们将它定义为用户在使用产品的时候所处的环境和使用情景。我们使用电脑时的环境大部分是相对稳定的环境，例如办公室、家里、咖啡馆里等等。但是使用手机的环境就相对不那么稳定，比较多变且具有很大的差异性，比如：公交站、地铁站、车厢里、行走的路上等，这些使用环境都有一个共同的特点就是人口密集度大，环境相对来说比较嘈杂。这就意味着，用户使用手机的时候可能会伴随晃动、光线变化、网络不稳定等因素，所以在做具体设计的时候，针对这两种不同的使用环境，用户会有不同的使用需求，提升产品使用体验的重点自然也会不同。在室内相对比较安静的环境下，听觉（语言）的提示或信息输入方式会带来比较好的用户体验，例如我可以一边洗手一边通过语音"hi，Siri"唤醒程序，并使用唤醒后的程序来实现设定闹钟的操作（如图2-12所示），这个体验真的很棒！但是，如果在

图 2-12　iOS 系统下的语音设定闹钟功能界面

室外比较嘈杂的环境下，这项功能的良好实现可能会受到很多干扰，那么它的体验自然是比较糟糕的。

（3）主观感受

"主观感受"是指用户在使用产品时所产生的心理直接感受，如"好的""糟糕的""舒服的"等心理感观。这种主观感受来自于设计师前期对用户需求的调查和分析后所做的设计，用户需求本身又来自于用户本身。一个优秀的产品经理或者设计师，一定会倾听用户的反馈，但绝不会被用户牵着走。他们需要去挖掘用户主观感受背后真正的需求。福特汽车公司的创始人亨利·福特说过一句话："If I had to ask customers what they want, they will tell me: a faster horse."（如果我问我的用户你需要什么，他们也许会告诉我：一匹更快的马。）通过这句话，很多设计师得出结论，用户根本不知道他们自己想要什么，也以此来表明用户研究的无用性，设计师的设计感觉才是最重要的。但是，事实真的是如此吗？亨利·福特所说的这句话真的是

想要表达"用户其实并不知自己想要什么"这个重点吗？毕竟我们不是亨利·福特本人，我们无法考究他说这句话的重点到底是什么，但是如果对这句话稍作理性分析就不难发现，福特的用户其实已经清晰地表达出了他们的需求，只不过，并不是"horse"，而是"faster"。当然，汽车也确实最终超越了它的竞争对象——马，其中一个重要的因素也的确是faster。所以在速度这一点上面，汽车的用户体验是好的。但这是否就能说明，马的用户体验不好呢？当然不是，如果到了没有公路并且崎岖不平的地方，即便还是比速度，十有八九还是马更强一些，所以这一点又落脚到了使用环境对用户体验的影响上。

综上所述，一个良好的用户体验的产生，它是由关注用户、考虑使用环境和情景以及用户真正的使用需求这3个要素决定的，缺少了任何一个方面，都将无法形成一个良好的用户体验。

用户体验涉及到一个人使用一个特定产品或系统或服务的有关行为、态度与情绪的设计工作。用户体验，体现在实际的、有情感的、有意义的、有价值的人机交流和产品等方面。此外，它还包括系统方面，例如实用性、易用性和效率。用户体验是动态的，因为它会随着时间的推移不断地发生改变，由于不断变化的使用情况，以及更广泛的各种不同因素的影响，用户体验的设计标准也会随之发生变化，而用户体验设计，则正是以此概念为中心的一套设计流程。

2.4.3 图形用户界面设计——视觉设计

图形用户界面设计主要承担的是程序视觉设计部分的工作，例如：程序的界面设计风格，所选择的基本色调，所设计的图标样式或风格，所采用的版式布局方式等等。其目的就是让用户在视觉感受上符合对这个UI产品的理解和喜爱。

"视觉"是人的感官之一，通过这一感官，用户可以了解信息，感知物体等。

任何一款应用程序都会有属于自己的基本色彩基调，而这个基本色调本身对于用户而言就具有引导作用。例如：母婴类应用程序（如图2-13所示）由于它的基本属性以及所面对的主要用户群体决定了这类应用程序的基本色调一般采用比较柔和的色调，比如：淡粉色、淡

图 2-13　母婴类 APP 视觉设计

蓝色等；而一款针对商务人士所使用的工作应用，为了强调它的专业、严谨等，所以一般会选择比较沉稳、庄重的色调，比如：黑色、灰色等。UI产品的基本色调本身对于用户来说就是一个最简单的引导，从色调就可以表达一个UI产品的主题或所针对的主要用户群体。

所以，在设计一个UI产品之前，一定要先确定好相关视觉设计的细节：这是一款什么类型的UI产品？针对的主要用户群体是谁？需要选择什么样的基础色调来符合用户需求？程序的设计风格如何选择等？

UI DESIGN

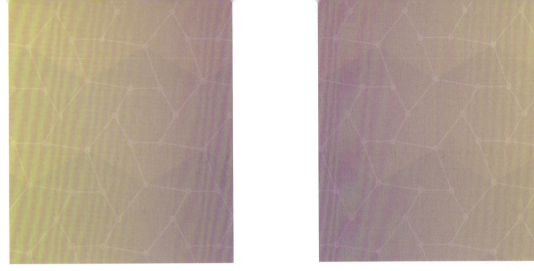

PART 3　第三章

UI设计的基本流程与设计原则

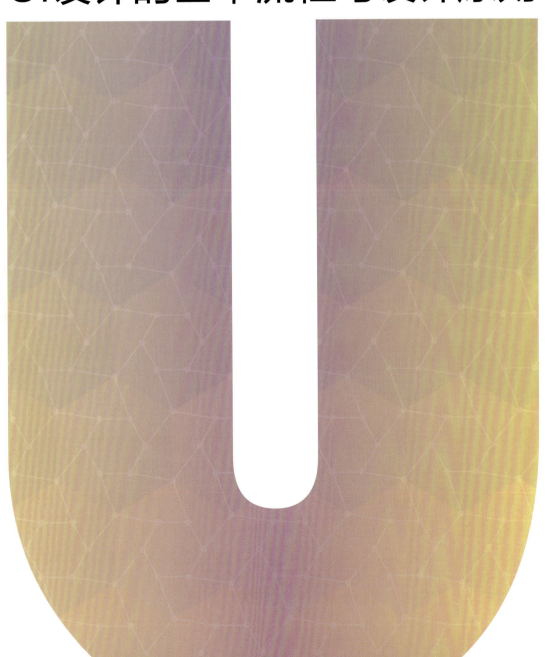

3.1 UI 设计的基本流程

一情况下，无论是哪种类型的产品，也不管是何种主导因素所驱动，一件产品被创造出来都会遵循一个基本相似的工作路径和大致相同的步骤，这就是产品设计的基本流程，本文以软件开发为例来论述UI设计的基本流程。

目前市场上常见的UI设计大致包括一下几个步骤：

① 定义

② 设计

③ 开发

④ 测试/优化

⑤ 发布上线

而详细的项目流程及职责如图3-1所示。

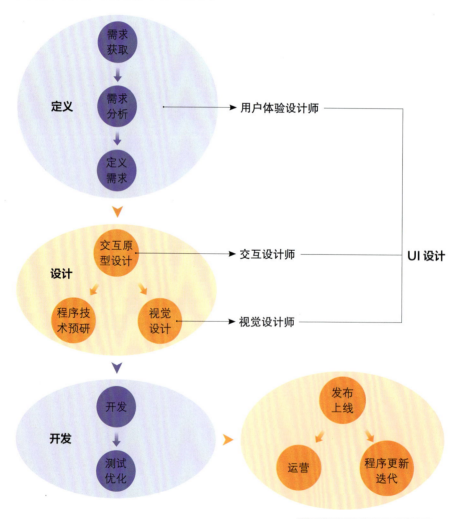

图3-1　UI设计项目流程及职责

正如上图所示，整个项目流程的前两个阶段"定义"和"设计"阶段即是本文所主要阐述的UI设计需要完成的工作，每个流程对应不同的工作职责和内容，他们各司其职，又相互协同合作，以此来共同完成整个UI设计。当然，一名合格的UI设计师不光是要完成其相应阶段的工作任务，同时也需要跟进整个项目流程，和项目中每个阶段的工作人员进行良好的沟通协作，才能更好地完成整个项目的开发设计工作。接下来，我们将主要针对UI设计的3个组成部分详细阐述各阶段的主要工作内容，对于其他的组成部分则会做一个简单表述。

（1）定义

这个阶段的主要工作内容需要由用户体验设计师借助各种方法进行前期大量的用户调研和用户研究分析，以得出相关的分析结果，无论是文字、图形或是数据等等，为后期的交互设计师的工作做好准备。

在这个阶段，用户体验设计师需要确定产品的目标用户群体并对目标用户群体进行大量深入的调研工作，以获取用户的原始需求。调研工作所采用的方法有：市场调研、问卷调查、焦点小组、角色模拟、卡片分类等方法。通过这样一些调研方法所获取的信息和数据，就可以进行需求分析、归类以及需求优先级的排序等工作，进而建立一份需求文档，其中包括业务目标、用户需求、功能需求列表等，以此来定义产品及用户的最终需求。

（2）设计

一旦需求文档出来了以后，交互设计师就可以结合自己的专业知识来创建产品的交互原型（如图3-2所示），而这个交互原型一般就是根据需求文档，了解用户的需求和行为习惯，进行产品的任务分析，进而得出产品的页面流程图、信息架构以及页面信息的合理布局。交互设计师所承担的这一阶段的工作相当于是在搭建整个程序设计的大框架，是非常重要的一个部分，它的好坏将直接影响后续视觉设计师以及产品开发人员的工作是否能够顺利地展开以及其他的工作方向是否是正确的。

交互原型一旦绘制完成，将同时交由前端开发人员和视觉设计师展开后续的工作。很多人会认为，一款程序的设计是需要按部就班一环接着一环去完成的，其实不然。特别是交互原型设计出来的这个阶段，如果按照基本流程来做，交互

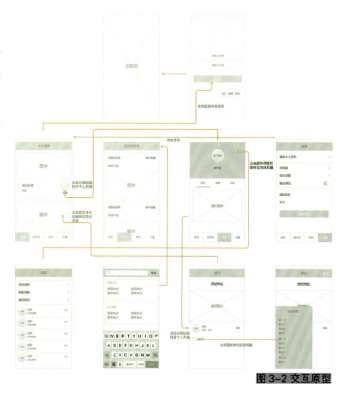

图 3-2 交互原型

原型做好后要先交由视觉设计师来进行视觉设计的相关工作，出一套完整详细的高保真效果图以后，再交由前端去做相应的开发工作。可是试想，一旦交互原型在某个环节出错，或者交互设计的某个部分前端在实现了的时候出现了评估误差，导致后期无法正常实现，等到这个时候才提出问题，就意味着前面的很多工作都成了无用功。所以，一旦交互原型设计出来后，要同时交由前端和视觉设计师，让两者同时展开工作，这样一方面加快了工作的进度，另一方面也便于在出现问题时做及时的、小范围的更正和调整，而不至于大动干戈。

视觉设计的工作是在选定一个交互原型的基础上开始界面的视觉设计工作，它更多的是关注产品风格的确定、色彩的选择及搭配，甚至是产品情感因素的表达，比如：针对妈妈群体所使用的婴幼儿类的产品，一般会将产品的基本色调定为暖色调，如粉色；针对运动类软件产品的基本色调，会选择比较阳光积极向上的色调，如橘色等。基础色调的正确设定对于一款应用软件的成功也是至关重要的，它就像一个人给别人的第一印象，好与坏、喜欢与不喜欢就是由打开程序的那几秒所决定的。所以，一定要做慎重的选择。

当然，视觉设计师的工作远不仅仅是确定软件的基础色调。一个适合它的设计风格（如：手绘的、写实的、清新的、简洁的等等）、一个适合它的文字处理设计（包括字号、字色、行间距、字间距）等等，都对整个软件给用户留下的第一印象以及使用过程中的舒适度和方便度起到至关重要的作用。

（3）开发

程序员在拿到交互原型的时候就可以开始整个程序的开发工作，至于后期视觉设计师工作部分的程序只需要在相应的位置做更改即可，因为后期大的交互框架是不会有太多改变的。

（4）测试/优化

程序一旦由前端完成，就可以交由测试人员进行相关的测试工作。在这一阶段，无论是交互设计师还是视觉设计师都仍然需要参与其中，适时跟进项目的进度，并及时对相关的问题做出调整，协助测试人员做最后的调试和优化工作。

（5）发布上线

程序开发完成并做好了相关的测试优化工作后，就可以上线了。很多人会认为产品上线了，整个工作流程就结束了，其实不然。在当下这个时代，每个产品问世，都需要做相关的运营工作，比如线上线下的各种推广工作等，以便于让更多的用户了解并使用设计好的产品。除了产品的运营之外，产品上线后，会通过很多渠道收到用户对于这款产品的反馈，针对用户所提出的问题，需要做及时的修补和更新工作，以及后续会在程序中增加新的功能和设计等。所以，各个部门的人员仍然需要进行相互的配合，以进行后续产品的更新迭代工作。

综上所述，一个程序的完整开发流程其实是一个不断循环和跟进的过程，需要每一个参与者一直关注并不断调整优化和跟进。

U 3.2 UI 设计的设计原则

图形设计大师保罗·兰德（Paul Rand）曾说过"设计绝不是简单地排列组合与简单地再编辑，它应当充满着价值和意义，去说明道理，去繁就简，去阐明演绎，去修饰美化，去赞美褒扬，使其有戏剧意味，让人们信服你所言……"如果一个设计师只是凭感觉，而不是理性地去排列组合你的设计元素，或许你永远无法变成一个真正优秀的UI设计师，更多的只是别人眼里的"美工"。事实上很多时候这种状态做出的设计，很容易被推翻的。由此可见，设计绝非轻而易举之事，优秀的设计更是难上加难，下面简单总结UI设计的19个设计原则。

3.2.1 "清晰"是首要工作

对任何界面而言，"清晰"是首要的也是最重要的一项工作。要想让用户有效地使用你所设计的界面，就需要时刻关注用户为什么会使用它，理解什么样的界面可以很好地完成用户与之的互动，提前预测用户在使用这个界面的时候可能会产生的行为模式，并向用户做出正确地反馈。有的界面设计让用户感到困惑，虽然用户可以通过推理获得一时的满意度，但并非是长久之计，只有清晰明了的界面设计才能激发用户的信心并培养长远的用户群。一款应用，只要它的界面设计是清晰的，即使有一百个页面也远胜于只有一个页面，但是却杂乱无序的简单应用。

3.2.2 界面因交互而存在

界面的存在促进了用户和我们之间地互动，它可以帮助人们理清、阐明、使用、展示相互之间的关系，它能够把我们聚集在一起，也可以将我们隔开，实现我们的期望值并为我们服务。界面设计不是艺术品，也不是用来标榜设计师的个人行为。界面设计并不仅仅是趋于功利的，它是一项工作并且它的作用和效率是可以被测量的。优秀的界面是可以激发、唤起和加强我们与这个世界的联系。

3.2.3 不惜一切代价抓住用户的注意力

我们生活在一个容易被打扰的世界，在这个世界里我们很难静下心去阅读，因为我们总是会被一些事情干扰而转移注意力到其他的地方。用户的注意力是非常珍贵的，所以，不要在你的程序界面里放置一些容易让用户分心的东西……要坚守住设计这个界面的最初最原始的目的。如果用户正在阅读，那么请让他专心阅读完毕后，再弹出广告（如果广告必不可少的话）。

尊重用户的注意力，不光会让你的用户感到愉悦，而且你会收获更多。如果在界面设计中，实用性是主要目标的话，那么抓住用户的注意力则成为实现其实用性的先决条件，一定要不惜一切代价抓住它。

3.2.4 让用户掌控一切

人类会在能自由掌控的环境中感觉最舒适，不考虑用户感受的软件设计因为迫使用户进入预期外的交互、令人困惑的流程和意外的结果而让这种舒适感消失。通过定期梳理系统状态，描述因果关系（如果你这么去做，它就会有所体现），并且在用户进行每一个操作步骤时都能给出他所期望的提示，让用户感觉他的每一步操作都在他的掌控之中。不用担心这些提示说明太过于直白明显，因为没有用户会拒绝直白简单的提示说明。

3.2.5 直观的操作方式是最优的

真正优秀的界面设计会在我们自如地去操作使用我们生活中的物品时感觉不到它的存在。自然，界面设计要做到这个程度并不是那么容易的事情。随着产品信息化技术的不断突破，我们需要设计界面去帮助我们实现和它们之间良好的互动。为一个界面增加一个不必要的东西是一件非常简单的事情，比如创建一个过于写实的按钮、装饰、图形、选项、偏好、窗口、附件等一些令人讨厌的元素，以至于我们会陷入处理用户界面那些细小元素的环节，而忽略了对一个用户界面来说真正应该关注的东西。相反，我们应该努力坚守自然而然的操作方式这个最原始的设计目标……设计一个界面的时候，我们要尽可能地选择人类自然而然的行为手势，并以此作为主要的操作方式，从而尽可能地减少设计中人为的痕迹。理想状态下，我们的用户界面设计最好能让用户在使用产品的时候把关注点尽可能多的放在直观的操作方式上，甚至感觉不到界面的存在。

3.2.6 一屏一个主要的操作方式

我们在设计每一屏界面的时候，都应该为用户的使用提供具有实际意义的单一操作方式。这样的设计便于用户学习、易于上手使用，同时也易于在必要的时候进行添加和创建的操作。一旦一屏中有两个或更多的操作方式就会让用户瞬间感到困惑，就像写文章的时候需要有一个强有力的论点去支撑一样，我们所设计的每一个用户界面也有一个显而易见的主要的操作方式，这也是一个界面存在的理由。

3.2.7 勿让次要操作喧兵夺主

一个操作屏幕中除了包含有一个主要的操作方式之外，当然会有次要的操作方式，但是切记主次不能颠倒。文章的存在是为了让人们去阅读并理解它，而不是单纯为了它可以在社交网站上分享。所以在设计用户界面的时候，要尽量减少次要操作方式的视觉冲击力，或者让它们在主要的操作方式完成后再出现。

3.2.8 自然过渡

用户在使用程序的时候，内部的交互行为一定是环环相扣的，所以一定要慎重设定每个交互行为之间的自然衔接和过渡。提前设想好下一个交互行为应该以什么样的方式呈现，将其合理地设计出来并和上一个页面（或上一个交互行为）之间形成一个自然过渡。

3.2.9 外观追随行为

人类总是在自己的行为符合自己的期望时感觉最舒适。当其他人、动物、事物、软件的行为模式始终符合我们所喜欢的期望值时，我们会认为与之关系良好，所以在设计的时候应该尽可能地使其符合人们的操作行为和习惯。形式追随功能，在实践中，它意味着用户可以通过观察界面上的元素来决定它的正确操作行为方式。如果这个界面元素看起来是一个按钮，那么它就必须可以具备按钮的实际操作行为。设计师不要在基本的交互行为上要小聪明，而应该在更高层次的关注点上发挥你的创造力。

3.2.10 一致性原则

正如上一点所述，屏幕元素之间的一致性对应其背后操作方式的一致性。具有相同操作行为的界面元素在设计外观和风格上应该保持一致。相反，不同的操作行为，它所对应的界面原色在设计外观和风格上也应该有所区分，这也是为了进一步强调相同元素之间的一致性。为了保持一致性，新手设计师经常会在一些需要有所区分的元素上使用相同的视觉处理手法，从而掩盖了他们之间的主次关系，其实有主次关系的元素应该在视觉处理上有所区分才是比较合适的。

3.2.11 强烈的视觉层次感会让效果更好

当屏幕上的视觉元素具有清晰的浏览次序时，一个强烈的视觉层次就呈现出来了，这就如同我们的用户每次会以相同的方式去浏览相同的事物。微弱的视觉层次感会让用户不知道哪里才是目光应该停留的位置，而让用户陷入一片混乱和困惑之中。在一个不断变换的环境下，是很难维持强烈的视觉层次感的，因为所有的视觉元素之间的关系是相对的。当所有的事物都是重点的时候，就是没有重点。如果要在屏幕中产生一个特别突出的视觉元素时，那么设计师就需要重新调整每一个视觉元素的重量，进而取得一个强烈的视觉层次感。很多人都没有意识到视觉层次感是强化（或减弱）设计感最简单的方法。

3.2.12 巧妙组织屏幕元素可以减轻用户认知负担

正如设计师John Maeda在他《Simplicity》一书中所说："巧妙地组织屏幕元素可以化繁为简。"这可以帮助人们更快更简单地理解你的设计表达，就像你用你的设计就可以清晰地说明它们内在的关系一样。通过布局和定位可以自然而然的显示出元素之间的关系，巧妙地组织内容可以减轻用户的认知负荷……用户不需要去思考各元素之间相互关系，因为你已经为他们做好了这一切。不要强迫用户去思考运算……直接用你的设计将它们呈现在用户眼前。

3.2.13 强调并不是只能通过色彩来表达

现实中的物体颜色会随着周围环境光照的改变而改变，艳阳高照下所看到的树在夕阳西下时可能只剩一个轮廓。在自然世界里，色彩很容易受到环境的影响，因此在设计的时候，不能将色彩作为界面设计中的决定性因素。色彩可以用来强调，可以用来吸引用户的注意力，但不能作为唯一的决定性元素。那些需要用户长时间阅读或者对着屏幕的应用里，除了需要强调的部分之外，应该尽可能的选择比较柔和的色调作为应用的背景色。当然，也会因为用户的不同需求，选择比较明亮的颜色作为背景色。

3.2.14 循序渐进

在每个屏幕里显示必要的内容。如果用户需要做出一个选择，那么就显示足够的信息去供他们进行选择，然后再到下一屏去寻找所需的细节。避免过度阐述设计倾向或一次性展示全部内容，如果可以的话，以逐渐显示一些必要信息的方法来慢慢切换到下一屏，这会让你的界面交互关系更加清晰。

3.2.15 内置"帮助"选项

理想的用户界面设计里，"帮助"选项是不必要的，因为用户界面设计自身就可以帮助用户去学习和使用。事实上，类似"下一步"这样的操作提示其实就是内置于上下文语境中的"帮助"选项，并且只在用户需要的时候才是可用的，其他的时候应该是隐藏的状态。在必要的时候设定"帮助"选项有一个前提，那就是要首先确保你的用户知道如何使用你的界面。

3.2.16 重要时刻：初始状态

我们的设计师经常忽略掉一个很重要的部分，那就是：用户在使用我们产品的时候，第一次的用户体验是至关重要的。为了更好地帮助用户理解我们的设计意图，最好是让我们的用户处于使用程序的初始状态，也就是什么都没有发生的状态。这种状态不是一块空白的画布……它是可以为用户快速理解设计意图提供方向和引导的。一般在用户刚刚使用某一个应用的时候会有一些交互障碍……但是，一旦用户了解了其中的规则，他们就会越来越自如的使用这款应用程序。

3.2.17 优秀的设计都是无形的

真正优秀的设计有一个奇怪的属性：它经常会被用户忽略。之所以如此的原因就是，成功的用户界面设计能让用户把关注点都放在如何实现他们的目标上，进而忽略掉界面的存在。当用户完成自己的目标后，他会感到非常的满意，并且也不会做出任何的反馈。作为一名设计师，这一点可能是有些不公平的，因为当我们的设计非常优秀的时候，我们很少会得到用户的表扬和称赞。但是，真正优秀的设计师是会为良好的用户体验而感到满足的，而且他们知道，对产品满意的用户往往会选择沉默。

3.2.18 多学科涉猎

视觉图形设计、版式设计、公关文案、信息架构和可视化设计……所有这些学科都是界面设计的一部分，它们都是可以被涉猎和研究的。不要习惯于跟它们划分界线或者看不起其他的学科：从这些学科里去摄取那些可以帮助你更好开展工作的知识并且推动自己不断成长。设计师要尽可能的把自己的眼光放得长远一些，即使从那些看似无关的学科里也能有所收获，比如：出版、编程、装订、滑板、消防甚至空手道。

3.2.19 界面存在的理由就是被使用

如同大多数设计领域一样，当用户按照既定的设计思路去使用产品的时候，它就是一款成功的设计作品。当一把漂亮的椅子坐上去却感觉并不舒服的时候，用户就不会去使用它，那么这就是一个失败的设计。因此，用户界面设计可以为用户创造出一个可以使用的环境，就像制作出一个可以使用的手工作品一样。用户界面设计不能仅仅满足于设计师的自我陶醉：它必须是可以被用户使用的！

UI DESIGN

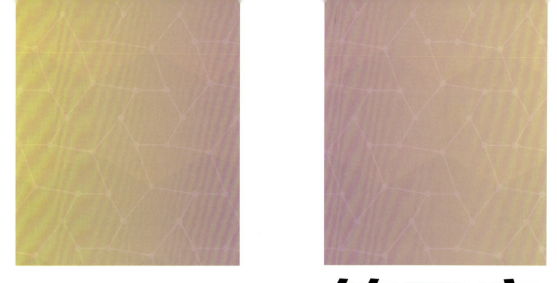

第四章

PART 4

UI设计之交互设计

如果把整个UI设计比喻为一个人的话，交互设计部分就相当于支撑整个人体站立和行走的骨骼。它将整个UI设计的关键部分串联起来，并相互衔接组合，它是整个UI设计的大框架，UI设计其他部分的工作都需要依附于它。因此，交互设计工作是整个UI设计中非常重要的一部分，它是整个UI设计的大方向，如果这个部分的工作出现些许错误，那么整个UI设计的工作都将偏离方向。

在本书的第二章中关于交互设计的本质部分也提到过，交互设计的本质是一个行为的设计，是一个非常注重逻辑思维的设计。所以，交互设计这个部分相较于UI设计的其他两个部分而言，它可能需要交互设计师以一种更加理性的态度去展开交互设计的工作。

U 4.1　为什么需要交互设计

> 交互设计是一个关注人行为的设计，是一个非常注重逻辑思维的设计，要求设计时尽可能地考虑用户在使用一个产品的时候他的思维模式是什么，进而引发的行为模式又是什么。或者说设计师如何让自己设计的产品在用户无需经过大量思考，以用户无意识状态下的行为模式来完成整个操作流程，最终达到用户的使用目标。看似简单的一个概念，但是在我们生活的周围却被无数糟糕的交互设计产品充斥，让人们叫苦连连，却又束手无策，只能让自己成为产品的"奴隶"，让"人"去配合"物"，这是当下设计环境里一个很不正常的设计常态。

4.1.1 糟糕的实体产品交互设计

在举例之前，需要先简单陈述一个概念：实体产品也是包含交互设计的。很多人普遍认为交互设计这个词语似乎只属于信息类产品，其实不然，交互设计的概念同样适用于任何传统的实体产品，不论这个产品是否带有电子屏幕。就以我们日常生活中接触非常多的一个产品"门"为例，一扇门的设计基本可以由3个元素组成：一个规范尺寸的矩形木板（这里我们设定门是一扇普通的木制门）（如图4-1所示），一个门把手，一把锁。当然根据不同的场景需要，会适当的增加一些元素，比如：透气栅格（厕所）、猫眼、玻璃窗口等。我们可以把矩形木板看作一个界面，而门把手和锁就是这个界面上的基本组成元素。门把手和锁位于这个矩形面板的哪个位置才更适合用户舒适地使用，以及在不同的门上，是把手更重要还是锁更重要，也在一定程度上决定了把手和锁更加具体的位置。当然，这两个基本元素的大小、形状、色彩、材料的设计和选择，包括矩形门板的设计，都会在很大程度上影响用户使用产品的体验，所以，实体产品也是包含交互设计的。

图4-1 门板设计

确定了以上概念，我们来一起看看生活中大家遇到的那些令人困惑的交互设计案例。

（1）门把手的设计

这个案例在我们的日常生活中相信大家都再熟悉不过了。现在无论是外出购物逛街，还是去餐厅吃饭，去银行办理业务等，我们都会遇到如图4-2中所示的门，这个门的特点就是似乎所有用户都无法正确使用这扇门（但仍然可以打开）。因为大家似乎都不知道是该"拉"还是"推"？因为毕竟门的正确打开方式只有一种，其他的方式即使"暴力"将它打开，也会大大提升它的维修频率，缩短它的使用周期，甚至提高它的事故发生率。面对这种情况商家的做法是非常"贴心"的，他们采取的措施是在门上贴上文字来提醒用户："这扇门的正确打开方式是拉（推）。"但事实上，当打开一扇门这么简单的日常行为的发生还要通过文字提醒来完成的话，可见这个设计的交互是有多么的失败！更普遍的是现实中大部分的情况，即使你标记

这扇门的应该"拉"，但是很多用户还是会
固执的去"推"。为什么会这样呢？其实问
题的重点就在于门把手形式设计上。

　　正如前文所说，门把手是显示门板这
个界面上一个非常重要的设计元素，它的
形态、位置、材质、色彩都会对使用它的
人产生交互信息，而这里最重要的就是门
把手的形态设计。很多人之所以会在贴了
使用说明文字的基础上仍然采取错误的使
用行为，是因为使用者只接受产品本身给

图 4-2　日常生活中的门把手设计

他的使用信息。事实上，如图4-3中这种门把手的设计，无论是横向放置还是纵向放置在门板
相应的位置，就已经产生了一个使用说明语言，不需要后期用文字进行标注。大家可以看下面
这张图片（如图4-3）所示，这里的门把手在门内和门外的设计上有所不同，形式很简单，只
是放置方向做了简单的调整，但恰恰是这个简单地调整，它的使用语言就已经很好地传达给了
用户是该采取"推"的行为，还是采取"拉"的行为。究其原因，就是从用户的行为习惯出
发，迎合用户惯有的舒适使用方式去设计门把手就可以了。仔细想想，我们在做推和拉这两个
动作的时候，手和肘最舒服的状态是什么，将它体现在门把手的设计上就可以了。一般我们在
做"推"这个动作的时候，我们习惯将手和小手臂横向一起对门把手施力，由身体用力向外
推，这个时候的力量不光可
以由手臂给门把手，也可以
使用身体的力量作用于门把
手，这样我们在执行推门这
个动作的时候，既舒服（手
和小臂横向放置在一个支撑
物体上是人自然舒服的状态）
又省力；反之，当我们拉门
的时候，我们是需要借助手
的抓力由外向身体方向靠近，
使用抓取的方式会更自然，
也更容易施加力量。所以，
一切还是要从用户出发，了
解用户的行为习惯去设计产

图 4-3　正确交互方式的门把设计

品的交互方式，才能产生一个舒适的使用行为方式。

电梯也是我们每个人日常生活中经常使用到的产品。电梯的设计体现在用户日常使用的方面，无外乎就是按键区域，在按键区域里又包括3个主要功能按键区：楼层选择数字按键、开关门按键、报警按键和电话按键（部分电梯将这两个按键合并为一个）。就设计而言，电梯按键部分它却存在极大的设计缺陷——按键排布的非标准统一化设计。我们经常使用的这3类按键的基本排布样式是不统一的，家里的电梯数字按键是A布局方式，公司的电梯按键是B布局方式，父母家的电梯按键是C布局方式等。如图4-4所示。目前电梯常用的数字按键排布方式有的是纵向，从下往上开始进行数字排布，如图4-4中A和B的样式；也有如图4-4中C和D的排布方式。横向按键排布方式，如图4-4中的图片2，无论纵向还是横向的电梯按键排列，都没有以统一标准呈现出来。

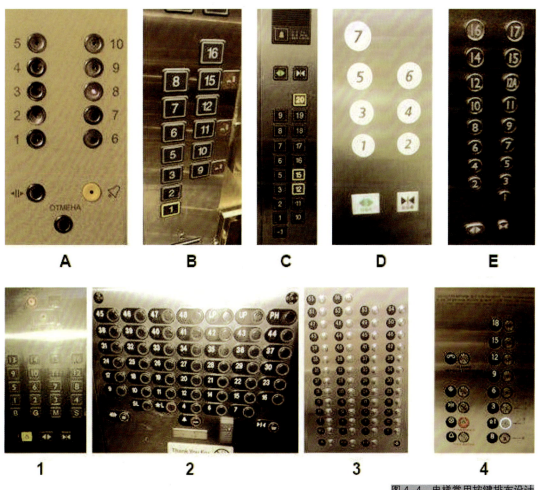

图4-4　电梯常用按键排布设计

表4-1中对图4-4按键设计部分的异同点进行了简单的总结，便于大家了解。

表 4-1　电梯按键设计总结

相同点	相异点	
开关门按键统一为左"开"右"关"	数字按键的排序顺序不统一	
	纵向从下往上开始进行数字的排布，横向从下往上进行数字的排布	
	①开关门按键在整个面板上的位置不统一	②开关门按键的数量不统一
	开关门按键部分位于数字按键上端，部分位于数字按键的下端	部分电梯没有关门按钮

从这个表格中就不难看出目前市面上的电梯按键设计的混乱状态。现在大部分电梯设计厂家大多把设计工作重点放在按键本身的形体设计上，或方或圆、或大或小、或凸或凹，但是这种一味追求形式化的设计大大消减了产品的交互体验，让用户每乘坐一台电梯的时候都要费力的去寻找相应的按键在哪里。如此，我们需要大脑记住每一种按键的布局方式，以便我们在使用的时候可以快速准确地找到自己的楼层或功能按键，否则我们就会每一次使用一部新电梯的时候都要像第一次使用那样去学习、寻找并把它记下。试想我们全部（或者其他统一的方式）统一将数字按键横向从上往下、从小到大进行排序，统一把开关门按键放置在数字按键的上方，同时设定为左开右关，那么我们只需要学习和记住一种电梯按键排布顺序，就可以适用于任何场所的电梯，而不需要进行重复地学习和记忆。

4.1.2 糟糕的虚拟信息产品交互设计

信息类产品的设计更新比较快，也紧跟社会的步伐，很多新的设计理念和方式都会在这类产品中体现，但仍然不乏糟糕的交互设计作品。

（1）火车票购买应用设计

火车票购买应用设计的弊端在近两年可谓是暴露无遗，也让用户怨声四起。在中国，通过网络（电脑或手机）购买车票的体验，相信大家都印象深刻。一段时间引起用户极大不满集中体现在通过点选图片来完成验证码识别的这个界面设计上（如图4-5所示）。这里交互设计的问题主要集中在以下几点：①图片与文字的对应关系较弱，可识别性太差；②界面内容大多偏离主题，阻断用户购票流畅的用户体验；③错误认定用户单一的使用场景，验证方式过于繁复，大大降低了用户使用产品的体验效果。

官网购票

手机APP购票

图4-5 网络购票验证码选择页面设计

接下来我们逐一分析它的设计缺陷所在：

① 图片与文字的对应关系较弱，图片显示不够人性化，可识别性太差。

在我们所使用的这些验证图片中不乏有很多"文不对题""模棱两可"的图片，让用户无从下手。有些图片给出一种似是而非的感觉，让你觉得它似乎符合这个主题，也似乎不符合这个主题，答案界定模糊；而另一些图片则进行了一定的处理（或者是图片本身的原因），让图中的主体物显示太大或者太小，让人要么只看到它的局部，要么什么都看不到，在这种情况下，用户是无法正确识别这些图片的，自然就勾选不出正确的答案。而其直接结果就是让用户的购票时间加长，满意度降低。

② 界面内容大多偏离主题，阻断用户购票流畅的体验。

无论是网站页面，还是手机界面上的文字要求都是"验证码"，而用户对于"码"这个字的普遍认知更多的是一串数字或字母，很少会联想到是多张图片，这本身就是设计上的一种不对应关系，设计师所使用的设计语言和用户对它的解读没有达到一致的时候，就会出现跳出整个使用体验流程的状态，也就是当用户点击验证码的输入框，预想接下来会输入一串数字字符时，结果出现的是图片，用户的第一反应是，我是不是操作错误了。这样的结果就会让原本流畅的使用体验戛然而止。

③ 错误认定用户单一的使用场景，验证方式过于繁复，降低了用户使用产品的体验。

这个设计的缺陷就是乐观的设定用户购票处在一个单一的、不受任何内外环境影响的使用场景。而事实上每个人的购票环境是大不相同的，在中国更多的时候我们购票其实是怀抱着一个急迫的心境在购票，比如春运大抢票，那都是分秒必争的事情。这个时候每一秒都是关键，结果却还要花费心思和时间去挑选界定模糊、图片模糊的图片，犯错率就会大大提升，用户使用体验也自然会大打折扣。大家身边不乏在时间紧迫的时候购票却被这个图片验证逼迫到无言以对的人。

（2）新闻阅读软件设计

现在人们都习惯在手机或网页上浏览新闻，这里我们举一个手机浏览新闻的例子。我们现在用手机看新闻，很多的用户除了关注新闻内容本身的需求之外，还有另一个需求：看新闻背后的用户评论。看评论也成为现代用户的一大喜好，而设计师似乎正好抓住了用户的这个喜好，所以你会发现，阅读完新闻内容后，我们无法直接跳转到用户评论页面，中间会穿插一个广告页面（如图4-6所示），它给用户的意思就是："想看评论？可以，先看广告吧！"这是一种强加给用户的信息，用户自然是比较排斥。另外，当用户看完评论后，点击左上角的返回按键希望回到刚才进入这则新闻的初始页面（图4-6中所标记的第4步），当然这只是用户的"一厢情愿"。因为实际的结果是，点击"返回"按钮跳转的页面是刚才这则新闻的首页。如果想要回到起始页面，需要再点击一次返回按键。这些交互行为的设计并不符合用户的行为习惯，用户自然也就不能得到一个较好的、流畅的使用体验。

图4-6 新闻阅读类软件交互设计

以上的所有案例都是生活中大家会接触到的设计案例，其中糟糕的交互设计相信大家也都有所体会，事实上这也正是交互设计的现状。糟糕的交互设计会让用户无法快速准确地完成他们的任务，达到使用目标，更不要提优秀的用户体验感受了。所以，交互设计的重要性自不必言说了。一个小小的改变，可能就会大大提升用户的使用效率，节约时间并愉悦心情。好的交互设计不是让用户去被动学习并适应产品，而是设计师主动发现问题，提出合理的设计方案，并运用在设计中，让用户在使用产品的时候都是在没有任何负担和压力的情况下，运用无意识自发的行为去完成所有操作，而这正是交互设计的精髓所在。

U 4.2 交互设计的三要素

交互设计师在整个UI设计中的作用在于让产品变得好用、易用。它的工作主要包括两个方面：一方面通过交互设计让用户高效完成自己的任务，达到自己的目标；另一方面尽量迎合用户的使用和思维惯性，让用户少思考。这需要交互设计师进行大量的思考和反复的设计推理，想要很好地完成这个部分的工作，主要根据用户、需求、场景三要素来进行考量。

4.2.1 用户

"人既是设计的出发点，也是设计目的的终点。"[①]这里的人指的就是设计的目标用户，无论是哪一个设计领域，用户都是设计一开始就需要关注的重点，交互设计也不例外。

交互设计师需要根据用户的需求来设计相对应的交互流程和界面，所以要求交互设计师在展开交互设计工作的时候一定要引入用户的视角和方法。简单地说就是设计师要站在用户的角度去思考问题，而不是完全从设计师自己的角度出发，然后根据用户的心理模型去做相应的设计。

4.2.2 需求

有用户，就一定有需求。用户使用任何一个产品，一定是处于某种需求的满足，所以，了解用户需求也是做好交互设计工作很重要的一个要素。事实上，任何一项UI设计工作的展开都要从研究设计需求出发，它是UI设计的开始，不从设计需求出发的设计往往是狭隘的、没有方向的、甚至是没有必要的。所以，定义需求是整个UI设计的开端。定义需求可以简单地分为3个步骤。

（1）原始需求的获取

原始需求的获取一般是由用户研究相关的人员来完成，但交互设计师最好也能参与进去。交互设计师在项目的前期需要深入了解用户，借助各种方法，如：问卷调查、用户访谈、背景调查等方法大量获取用户对这一产品的基本需求，这也被称为原始需求的获取。针对一项特定的产品开发，不同的用户会有不同的需求反馈。例如：如果要开发一款音乐播放类的应用程序，那么它的用户原始需求的获取可如图4-7所示。

（2）需求分类

根据步骤一中所获取的原始需求进行必要的分类，将相同类别的需求归为一个大的类别，进而得出产品的几个主要大需求。在此，以酷狗音乐为例帮助大家做一个简单的说明。酷狗音

---

① 许喜华.《工业设计概论》[M]. 北京：北京理工大学出版社，2008：69.

乐将用户的原始需求简单地分为三个大的类别——"听、看、唱",每个类别下又包含属于该类别的相关子需求,比如在"听"的大类别下就包含"我喜欢、歌单、下载、本地音乐"等需求。设计师一定要自己先对用户成千上百的原始需求进行分类整理,才能得出对设计有效的信息,也会让设计方向更加清晰明确。

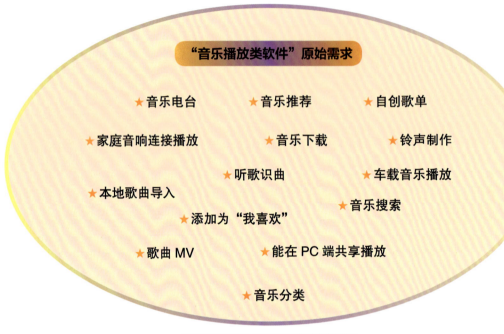

图 4-7 音乐播放类应用原始需求获取

(3)需求优先级排序

当把用户的原始需求进行收集、分类整理后,接下来的工作就是要对这些需求进行优先级的排序,部分需求信息根据开发目标和开发需求要进行排除或推后,而这项工作就是要将需求进行优先级的排序。这个就像是我们处理日常生活工作时一样,当你同时需要解决多个问题的时候,你不可能在同一个时间同时开展多项工作,这个时候,我们经常采取的解决办法就是对手上的任务进行优先级的排序,或者按任务的难易程度排序、或者按任务提交的时间先后排序、或者按任务的重要性排序等等,这种方式也同样需要在需求定位中使用。在定义需求的前两个步骤基础上,我们根据多方面的因素来判定这些需求的优先级顺序(如图4-8所示),方便后续做信息架构,进而绘制流程图。

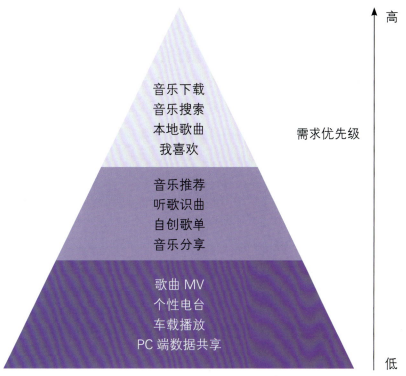

图 4-8　音乐播放类应用的需求优先级排序

4.2.3 场景

　　有了用户，有了需求，接下来就是要确定目标用户的主要使用场景，交互设计师做的每个设计都是基于用户场景来进行的，所以场景至关重要，这也是最重要的要素，有时候不同的场景下设计的交互会有天壤之别。场景实际上包含有"人、物、行为"三个维度，在一定程度上可以说包含了前面两个要素。在这里用一个表格（如表4-2所示）的形式，简单向大家展示一下场景对交互设计的重要性，在此仍以音乐播放类软件为例，从"人、物、行为"三个维度来说明。为了便于直观地展示场景对交互设计的重要性，在此将"人、物、行为"三个维度定义为相同的参数，便于观察结果。

表 4-2 不同场景对交互设计的影响

人	物	行为	场景	交互方式
办公白领	手机播放器	搜索音乐	公交站	文字输入
			办公室	文字输入
			卧室	语音输入、文字输入

通过上面的表格可以很清楚地看到，面对不同的场景，同一个人在使用同一个平台完成一个相同的任务时，它对于交互的需求也是有很大不同的。在公交站进行歌曲搜索，因为这个使用场景一般来说相对比较嘈杂，所以这个时候如果想要完成搜索任务的话，最佳的解决方案就是通过手动输入的方式来完成。如果选择语音的话，设备接受信息的负担比较大，错误率更高，进而用户使用体验也会降低；在办公室环境下，虽然相对于公交站而言，办公环境会较为安静，但要从用户的隐私性或从处于同一环境下对其他同事的干扰性来说，选择相对保守的文字输入会更好一些；而在卧室环境下则与前两者有所不同，因为卧室一般是一个较为私密独立的个人环境，不太会受到其他因素的约束，所以在完成搜索这一目标任务的时候，则可以有更多的交互方式选择，比如采用更加便捷的语音输入方式。

　　想要完成一个较为优秀的交互设计的话，"用户、需求、场景"这三个因素都需要被充分的考量，这项工作将贯穿整个交互设计的始终。

4.3 交互设计的原则

4.3.1 人机交互的理论前提：实现模型、心理模型和呈现模型

为了能更好地阐述交互设计的基本原则，在此引用艾伦·库伯（Alan Cooper）在他所著的《交互设计精髓》一书中提出的3个模型概念来进行详细说明。在此，先来了解这3个模型的基本概念和含义，在此基础上去陈述交互设计的基本原则，就会更加容易理解。

艾伦·库伯在《交互设计精髓》一书中给出了一个定义："……唐纳德·诺曼和其他人用'系统模型'来指代这种有关机器和程序实际的运作方式。我们更倾向于使用"实现模型"这个术语，因为它描述了代码实现程序的细节。"简单地说，所谓的实现模型所指的就是我们在日常使用的任何一款信息产品，它得以实现的操作过程并得到相应的操作结果背后完整的工作流程，比如：每一个指令代码的编写。以程序开发整个流程来比喻的话，实现模型所描述的更偏向于程序员的工作。我们可以举一个生活中的案例来帮大家进一步理解实现模型的概念含义。大家在日常生活中都经历过用洗衣机洗衣服这个事物过程，对于我们一般的用户而言，洗衣机洗衣服是一件很简单的事情，大致包含4个步骤：把衣服放进洗衣机，加入洗衣粉，关上洗衣机的柜门，按下开始按钮即可！而事实上，洗衣机之所以可以清洗衣物，远非我们刚才所罗列的那4个步骤这么简单，我们都知道在洗衣机的内部有非常复杂的电路结构、元件等，在相互衔接作用并且最终在用户按下"电源"按钮后，才开始正常运转，将衣物清洗干净。这里所提到的，洗衣机背后复杂的工程运作原理就是我们这里所说的"实现模型"；而用户所理解的产品运作模型（洗衣机洗衣服的4个步骤）则是所谓的"心理模型"，也就是用户认为这个产品的实现模型是什么；而"呈现模型"则是设计师综合工程师和用户两者的模型，并结合合理的设计语言最终所呈现出的产品操作模型。

作为大部分的用户而言，我们都不是工程师，对于每一个产品（无论是实体产品还是虚拟的信息产品）背后的运作细节，我们都是不了解的，但这并不影响我们去使用这些产品，其原因就是因为呈现模型这个部分所起到的作用，而呈现模型的工作恰恰就是设计师要完成的工作。

4.3.2 交互设计的原则之一：基于用户心理模型而设计

产品设计出来都是给用户使用的，所以了解用户的需求，并将设计尽可能地符合用户使用心理就显得尤为重要。在本书的第二章里已经讲到过，交互设计是一个关注于行为的设计。谁的行为？当然是用户的行为。任何一名用户打开你的产品来使用，一定都是怀揣着一个需求来的，你的产品能够满足用户的这个需求，以及你要如何去满足，你的设计都将决定用户会采

用什么样的操作行为来完成满足他需求的这个过程。那么，设计师该如何去设计这个"呈现模型"呢？艾伦·库伯在《交互设计精髓》一书中就给出了一个很好的答案："呈现模型越趋近于用户心理模型，用户就会感觉程序越容易使用和理解。通常，呈现模型越趋近于实现模型，用户对应用软件的学习和使用能力就越低。这是因为用户的心理模型往往与软件的实现模型存在差异。"如图4-9所展示的状态就是这三者之间的关系。

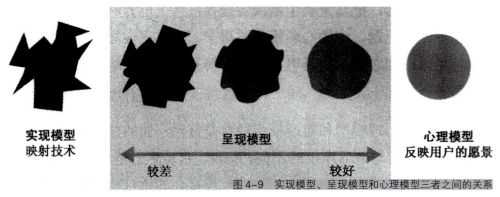

图 4-9　实现模型、呈现模型和心理模型三者之间的关系

（图片来源：艾伦·库伯《交互设计精髓》）

从图4-9可以看出，设计师只有更好地了解用户心理模型才能让用户更好地理解和使用产品。作为设计师应该研究、了解用户在使用产品时每一步的操作过程中他在想什么？他会如何思考？他需要什么？他会作出什么样的反应？设计师要尽可能提前预知用户的操作行为，从而有针对性地设计出符合用户心理的设计模式，从而给用户提供"合宜"的设计作品。这样你的产品也会给用户带来流畅舒适的用户体验。关于如何做好产品的呈现模型，其实有很多成功的案例，在此我们以"QQ添加好友／群"的功能页面设计为例来做简单的说明。如图4-10所示，这是"QQ添加好友／群"的功能页面设计。在这个页面中，设计团队一共提供了三大方式来完成"添加"这个指令：第一种方式是通过QQ号码的输入来进行查找。大家试想一下，当用户在执行"添加好友／群"这个操作指令后，其实用户要添加的类别并不是单一的类别，用户可能添加的是一个人、一个群或者一个公众号，所以这个页

图 4-10：　"QQ 添加好友／群"的功能页面设计

面在这个部分就直接做出很好的用户行为预测，并给予用户明确清晰的信息筛选，便于用户快速查找结果。第二种方式是通过一些常用且便利的功能标签来进行查找，用户在执行"添加好友／群"的指令后，设计人员非常贴心地为用户提供了"添加好友／群"的其他方式和渠道，比如：通过手机联系人添加、扫一扫添加、查找附近的人等，这个也是一个非常好的用户行为预测下的设计点。最后一种是"可能认识的人"，这个有点类似于信息关联，设计团队借助读取用户的基本信息，通过用户已有的好友来给出一个信息数据，用户可以根据这个数据分析结果来进行有选择性的直接添加好友，步骤简单，操作方便快捷。这3个设计点都是设计师针对用户"添加好友／群"这个看似简单的操作行为，所作出的用户行为可能性预估，并对这些可能会出现的情况，进行了信息的分类整理，并以友好的操作方式和视觉布局呈现在界面中。

当然类似这种友好的案例还有很多，比如你在用QQ发图片的时候，它会非常贴心地识别你在执行这个操作前最后一次编辑（截屏、图片编辑等）的图片，并直接将该图片呈现一被选中的状态，并友好地咨询用户"你可能要发送……"（如图4-11上图所示），这个设计无论从用户心理模型的切合度还是从设计行为的友好度来说，都是一个非常优秀的设计点。设计师的呈现模型很好地契合了用户的心理模型，并且态度友好。再比如苹果手机推出的长按程序启动图片弹出的常用功能按钮的指令（如图4-11下图所示）也是一个很好地吻合用户心理模型的设计案例。

图4-11　QQ自动识别图片 & 苹果手机长按弹出功能

4.3.3 交互设计的原则之二：从用户使用场景出发

任何一款产品的使用者都是人，而人在使用任何一款产品的时候又一定是处在一个特定的场所里完成的。简而言之，产品的使用是在一个由人、产品和环境所组成的一个大系统里进行的，原则一的出发点是人，是从用户的角度出发来论述交互设计的原则，那么接下来自然是要以这个系统的另一个角度"环境"作为出发点来论述交互设计的另一个原则：从用户的使用场景出发。

用户使用产品必定存在于一个特定的场所（办公室、火车站、卧室等），这个场所的所有特点营造出的一个环境就是用户的使用场景。就像指纹和雪花一样，每一种使用场景都是独一无二的。我们在交互设计的时候，必须将这个重要的因素考虑进去。

4.3.3.1 产品只有放在正确的使用场景中才能发挥它的作用

前面我们讲到，产品的使用是在一个由人、产品和环境组成的大系统中展开的，所以环境会影响产品的使用。这里用环境这个词汇去表达大家可能会觉得概念比较模糊，那么我们可以用一个较为形象和贴近我们生活的词汇来作较为具体的表达：场所，用这个词语表达产品的使用环境，大家可能会更加容易理解。路易斯·罗森菲尔德在《信息架构》一书中讲到："人类（感知、自我活动的有机体）与周围环境有着复杂且共生的关系，我们的感觉让我们在任何时候都可以检测到所在的位置，并从一个地方移动到另一个地方。我们还可以改变这些场所来适应我们的需求。场所之间的不同对我们如何了解彼此，以及在这些地方可以（不可以）做什么有着至关重要的作用……"。在我们的日常生活中，我们始终会处在不同的场所，我们会不断的从一个地方移动到另一个地方，因为我们知道我要完成某一件事情，我只能在某个场所去完成，比如：我们都知道厨房是用来补充能量的地方，那里有冰箱、灶台、锅碗瓢盆；卧室是用来休息的地方，那里有床、被子；银行是用来管理钱财的地方，那里有专门的银行职员用他们的专业能力为我们服务；医院是用来看病的地方，那里有医生和护士，可以帮助我们让生病的身体恢复健康……我们的感官和生活经验会受到环境的暗示，告诉我们不同的场所之间的区别，以及每个场所的基本特点和可以（不可以）做什么。我们人类对于场所的的感知和改造能力已经深深地根植于我们的本性中。所以，产品只有放在正确的使用场景中才能发挥它的作用。

既然我们知道了特定的场所做特定的事情，那么反之，我们设计要在这个场所使用的产品时，我们就必须清楚地知道这个场所它的基本特点和基本属性，并将其揉入到我们设计的作品中，设计出符合特定场所特征的产品，这样才是更加合理准确的产品。现代社会，人们都离不开手机，吃饭、工作、学习、玩耍都依赖于手机，但是试想一台iPhone手机放在远古时代的人手里，它的作用可能还不如一块石头。再比如，针对iOS平台设计一款应用程序，用户反响非常不错，但是如果你原封不动的将这个针对iOS平台设计的作品直接照搬到Android平台上的话，那就行不通了。因为这两个平台（使用场景）在很多操作方式和实现模式上是有很大差别的。

4.3.3.2 如何从使用场景出发展开设计

知道了场景对于设计的重要性，下面我们来论述如何设计一款从使用场景出发的产品，在这里我们从两个不同的"场景"出发去进行详细的论述。

（1）物理使用场景

事实上，产品使用的场景就是一个个环境，环境所指的就是人类活动所处的实际自然的和人造自然的环境本身，这里我们把环境定义为物理使用场景。环境是人们日常生活的环境，用户对于环境的认知是非常熟悉的，每一个环境都有属于自己的不同配置和标志来告诉我们现在在哪里。我们该如何使用这个环境或者如何在这个环境里做自己的各种事物？银行不同于医院，医院不同于学校，学校不同于影院……正如前文中所提到的，对于什么环境该做什么，不同环境它们之间的区别以及各自的特点是什么，人们对于环境的认知是深深的根植于我们的本性中的，我们从一生下来就开始慢慢地学习它们，了解他们，它们甚至成为了我们的第二本能。

设计师在设计任何产品的时候一定要认真调研和分析用户使用产品的物理环境及其使用场景，因为不同的场景对于同一款产品的设计是有不同的需求和影响的，它将直接决定产品的设计方案。举例来说，设计一把椅子，一个是为公交站设计的用来给过往乘客稍作休息的椅子，一个是为卧室使用的休闲椅。面对这两个不同的环境，虽然同是设计一把椅子，但却会有很多细节的区别，而这些区别都是从环境对产品的影响出发的，接下来以表格（如表4-3所示）的形式来简单说明一下，环境对于产品设计的影响。

表 4-3　不同物理使用场景对产品设计的影响

	卧室	公交站
功能	休息、放松（时间不限）	短暂休息
造型	可简可繁（依用户喜好而定）	大众、简单
材料	市面上已有家具生产材料均可	坚固耐用、不易变形、防水防潮、防晒等
颜色	依用户喜好而定，不受限制	中性色调或材料本色
加工工艺	可简可繁（依用户喜好而定）	尽可能的简单

根据以上表格我们不难看出，不同的场景对于产品设计的影响。从功能的角度出发，卧室椅子一般的需求是用来放松和休息的，这是卧室给用户特定的场景属性，而且在这个场景下，对于椅子的舒适性要求会比较高。而公交站的椅子，虽然从广义上来说，它的功能仍然是给用户休息使用，但因为公交站的特殊性，用户一般坐的时间都不会太长，所以两者相对比，就椅子的舒适性来说，明显前者的要求会更高。从造型的角度出发，卧室是一个很私人的使用场景，所以在这个场景里的产品基本都要符合用户个人的审美需求，所以它的造型和设计风格

很大一部分需要满足用户的个人需求，还有一部分自然是要满足和卧室这个环境协调度的要求，是一个比较"私人订制"的设计要求。相比较卧室而言，公交站的椅子就明显是一个非个人化的物品，它是一个社会公共物品，不属于某一个人，所以就造型和设计风格来说，更适合采用一些比较符合大众审美情趣的、简单的设计，直白点说就是采用那些大部分人都能接受的设计风格，虽然谈不上让每个人都喜欢，至少让大部分人不讨厌；就材料而言，它们的区别就更明显了，一个用于室内，一个用于室外，因为室外的环境会比较复杂，再加上使用频率会更高，所以坚固耐用性显得更加重要。当然，伴随一起的防潮、防水、防晒也是一般户外用品都需要考虑的因素。颜色的部分和造型考虑的因素是大致相同的。最后，就加工工艺而言，室内的椅子是比较私人化的物品，用户可以根据自己的购买能力、自身的情趣爱好等来选择适合自己的椅子，所以它的加工工艺可繁可简，都是依据用户喜好来定。而公交站的椅子，因为它的种种社会公有性，以及对成本的控制，基本都会采用价格比较适中的设计，一般不会采用加工工艺过于复杂的设计作品。

为了便于大家理解场景对于设计的重要影响，以上所举的例子都是贴近大家日常生活的实体产品例子，而这个概念用在虚拟信息类产品也是一样的。由于信息产品的特殊性，它受场景的影响主要是从影响用户使用产品的一些干扰因素出发，比如：温度、光照、噪音、信号、人群密度等等，它所表现的方面都尽可能地围绕这个信息产品所依附的平台出发（手机、pad等）。接下来我同样举一个例子来说明信息类产品受场景影响的表现，在此以为手机端设计一款音乐播放器为例来进行说明，环境则以卧室和公交车为例（如表4-4所示）。设计师在设计这个应用的时候就必须全面考虑用户可能会使用的一些环境，因为用户使用播放器听音乐不可能固定在一个环境下，可能在客厅、卧室、厨房、办公室，也可能在公交站、地铁、医院、银行等地方。

表4-4　不同环境对信息产品设计的影响

	卧室	公交车
交互方式	手动点击、键盘输入、语音输入	手动点击、键盘输入
显示模式	夜间模式显示	正常亮度显示
特殊需求	音乐自动关闭功能的需求	快捷切换曲目的功能需求

针对播放器类的应用软件它的主要功能莫过于播放和搜索功能，那么它的交互方式也会因为场景的不同而有不同的需求。在卧室环境下，因为是一个相对封闭和私人的环境，所以它的主要交互方式是可以有多种选择的，用户可以根据自己的需求任意选择。相比较而言，公交站这个公共场景则会对产品的交互方式提出比较高的要求，因为公交站人口密度较大，环境噪音的干扰性也会很强，所以在这个场景下，几种主要的交互方式相对来说操作不是很方便，特别是语音输入的交互方式更是不可取，因为环境比较嘈杂，所以使用语音输入的话，会大大降

低信息接收的准确度，自然就会影响信息回馈的准确度。

就显示模式而言，大家已经并不陌生了，现在很多应用程序都采取了专门针对夜间环境所使用的"夜间模式"，旨在给用户一个更加舒适、保护视力的使用体验。就特殊需求这个方面，因为卧室是用来睡觉休息的地方，无论是午休还是晚上休息（一般晚上使用此产品的频率会更高），用户需要听着自己喜欢的音乐入睡，那么这就存在一个问题，用户在听着音乐渐渐入睡的时候，要么睡一会儿被音乐惊醒再去关闭音乐（部分睡眠质量较差的用户，可能因为这次惊醒陷入失眠）；要么第二天醒来发现音乐一直是开着的，这样其实对用户本身来说并不好，所以针对这种特殊情况，产品最好增加一个"定时关闭"的功能，这样在给用户带来美好音乐听觉体验的同时也不会干扰用户的正常睡眠。关于"定时关闭"这个功能，目前市场上已经有应用很好地做到了这一点，并且针对设定时间以及用户的良好听歌体验这个部分也做得非常细致。在较早的版本里，设定时间的功能交互比较简单，只有时间长短的设置，所以导致很多用户在听一首歌听到一半的时候因为设定时间到了，而不得不被迫中断完整的听歌体验，针对这个问题，设计师相应增加了"播完正在听的歌曲再关闭"这个选项（如图4-12所示），这样就可以在体验自动关闭功能的同时获取良好且完整的听歌体验。

针对公交站，同样受到人口密度和环境嘈杂的影响，这个时候，简单选择歌曲的操作就会变的比较难完成，比如早高峰时间，公交车内人挤人，这个时候你想要切回到你想听的那首歌，其实是很难的，所以最好能有一个在这种特殊环境

图 4-12　QQ 音乐自动关闭

下，快捷切换和任意选择歌曲的新型交互方式。

（2）心理使用场景

所谓心理使用场景其实就是用户在特定的一个使用场景下使用某一款产品时的一个心理状态，比如急切、焦躁、平和、愉悦等，这个部分也会对产品的交互设计起到很大的影响作用，设计师需要去调研和分析用户在使用产品期间会出现的几种主要心理使用场景，并提取出典型或频率较高的场景，针对性地提出有效且正确的交互设计方案。这里最典型的案例就是前面在关于"为什么需要交互设计"这个部分中所提到的网络购买火车票的案例。因为在中国这个大背景下，火车票购买除了一般的心理常态的使用场景之外，还有一个很典型且不可回避的心理使用场景，就是春运期间的"抢票大战"，这个时候大部分用户的心理使用场景就是急切、焦躁、坐立不安等。在这种场景下，我们的交互设计就需要尽可能的简化、快捷、便于操作。而不能让自己的设计成为用户"抢票作战"中的一块拦路石。上文中提到的"验证码"选择这个部分的设计，它对于那些急于抢到回家车票的用户而言，无疑是一块绊脚石。好的交互设计是大海航行中的船和帆，是崎岖道路上的马和车，它必须让用户的使用体验之旅一路畅通，顺风顺水且十分惬意，这才是我们努力的方向。

每一个场景都有属于自己所专有的特性，这些特性也就营造出了一个独一无二的用户使用场景，设计师一定要从用户场景出发，结合用户本身的人物模型特点，同时也要善于发现不同使用场景中的各个可能会出现的问题，综合考量各方面元素的相互影响，并能提出行之有效的解决方案，才能让用户得到流畅舒适的使用体验。

4.4 交互设计的流程

4.4.1 交互设计八大流程

这个部分我们从实际项目流程的角度出发，以一种比较通俗易懂的语言来表述交互设计从项目出发的主要八个流程。

① 定性研究（Qualitative Research）：针对产品的目标用户群体进行用户研究，研究方法有：问卷调查、焦点小组、面对面访谈等。

② 人物建模（Persona）：塑造一个虚拟的人物角色，可以有一种或几种。例如可以有一个人物角色叫Linda。

③ 写问题脚本（Problem Scenario）：罗列人物角色在使用产品时可能会遇到的问题以及场景，可以整理成一个故事便于理解。

④ 写动作脚本（Action Scenario）：像写故事一样，将人物角色在使用产品时，所发生的细节进行一一罗列。这个时候设计师的交互方案概念模型已经基本成型，这个概念模型是通过解决问题脚本里的问题而得出的。

⑤ 画线框图（Framework）：线框图就是把动作脚本里的概念模型转化成视觉模型的过程。

⑥ 制作原型（Prototype）：借助原型绘制软件（如Axure）将之前的线框图以一种模拟用户实际可以实现的操作方案呈现出来。

⑦ 专家评测（Expert Evaluation）：有条件的情况下可以请其他项目设计师和交互设计设计师对产品进行反复的原型测试，提出其中的问题点和改进建议，以此来反推修改线框图，以得到更加完善的设计原型。

⑧ 用户评测（User Evaluation）：召集一定数量的用户（可以是同事、朋友或家人）小范围内地使用原型，可以让他们根据自己的喜好随心使用，也可以给他们特定的任务去完成，然后根据用户在使用过程中的问题和反馈，进行进一步反推，修改之前的设计，再进一步完善设计原型。

4.4.2 交互设计八大流程的具体详解

（1）定性研究（Qualitative Research）

无论什么产品都会有一个目标用户群体，也就是产品投放市场后所面对的主要用户群，比如：蘑菇街、美丽说同样是购买平台，看似和淘宝的性质一致，但他们的目标用户群体相较于淘宝的用户群体而言会更加明确，即主要是针对一般收入的年轻女性用户群体；而寺库则主要面对的是较高消费的奢侈品用户群体等。所以，确定自己的目标用户群体会让自己的设计方向更明确。有了目标用户群体，接下来才能开始这里的定性研究，定性研究的目的其实就是通过各种方式方法去深入详细地了解目标用户群体各方面的特点和需求，通过这一步的定性研究所获取的资料和数据，才能继续开始下面的工作。虽然用户研究的方法有很多种，但是研究目的却是非常明确的。无论你用哪种形式做调查，目的都是为了了解用户以下5个方面。

① 行为（Activities）：例如用户多久用一次你的产品、一般会在什么地方、什么时间点使用、一次使用的时间长度是多少？这些数据的收集都将转换为后期的设计要求和设计方向。正如前面所提到的交互设计原则之一，应该从用户场景出发，也就能在这个部分里反映出来。假如你的目标用户群体是20岁到35岁的年轻白领，你的产品是一款音乐播放器，那么，他的行为特点有可能就是：目标用户一般会在上下班的路上这两个时间段来使用我们的产品（早上8点~9点，下午5点~6点），一般使用的地方是地铁或公交车上，每次使用的时间长度为1个小时左右……根据这些数据，就可以去细化我们在设计这款产品的时候应该要注意的问题，比如用户使用这款产品的时候一般是位于早晚上下班的高峰期，大多会比较拥挤，所以在设计界面上的一些主要操作按键的时候要尽可能的在用户比较方便点击的地方，主要和常用的按键不能设计的太小，要方便用户操作，不容易产生误操作的结果等等。

② 态度（Attitudes）：用户对这个产品的基本认知，例如用户怎样看待这个产品？用户是否希望从你的产品里获取一定的心理满足？正如我们对所生活的环境、物品等都有一个基本认知一样。例如：我们认为法院是个神圣严肃的地方，医院是个需要安静并且可以给人带来健康的地方，KTV电影院是一个可以放松娱乐的地方等，用户会将对现实生活中的这些认知直接延伸到信息产品上，所以在设计信息产品的时候，也要考虑用户的态度。一个母婴类产品就不能做的像银行理财类产品那样严肃、单一、呆板；一个阅读类软件也不能做的像游戏类软件那样色彩变化多样……要学会去了解目标用户对你的产品的态度和看法，并尽可能地向他们的认知靠拢。

③ 资质（Aptitudes）：了解用户的基本背景，例如他的学历、工作性质等。用户的基本背景在一定程度上决定了他接收周围相关讯息的能力，同时也能从中预测用户对这些产品的基本要求和期待。

④ 动力（Motivation）：驱使用户使用产品的原动力是什么？这个原动力其实就是产品设计的最大突破点，因为这个原动力就是用户渴望从你的产品中得到的东西。

⑤ 技能（Skills）：这个可能针对一些略偏专业性的产品会影响更大一些，比如手机上的文档处理、图片处理软件等，用户需要具备一定的技能基础才能使用，那么他的基本技能大概达到了什么程度呢？如果普遍不够的话，我们的设计可能就要将这些技能性的东西做的尽可能简单易学，便于用户上手。

（2）人物建模（Persona）

人物建模更趋向于描述用户是怎么使用产品/设计的，它充当一个设计暗示的角色。通过融合上述用户群特征，并将这些特征赋予虚拟人物，从而在设计者心中建立更有真实感的用户形象。好的人物建模可以帮助设计师跳出自我视角，更多的从用户的角度去思考，同时帮助设计师尽可能的在展开设计工作时过滤掉设计师个人的喜好，而且好的人物建模也更方便团队成员之间开展良好的沟通和交流。因为人物建模是一个更加贴近真实、信息更加丰满的人物形象，这样即使是一个不是很了解这个项目的人也能快速的给出他的想法。如果前期的定性研究比较成功，这时你的目标用户就是一个比较清晰的形象。根据上文中的5个方面，你需要挑选出最典型的一个或几个形象。

　　设计师不但要确定这些人物角色（Persona）的主要特点，还要确定他们的需求和目的。为了增加真实性，可以给人物角色（Persona）取名字，选一张照片，细化他们的背景资料（如图4-13所示）。

Converting New User Scenario

Greg Medical Data Analyst

Role	**PRIMARY USER**
Age	33
Home	Philadelpia, PA
Data Sources	Medical Data Medical Institution
Tools	Excel, SPSS, SAS

Analysis of Tool Usage

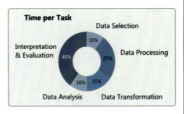

Frequency of Use　Expertise

Feature Utilization

His Goals
1. To analyze data at ease while still be able to set parameters of analysis
2. To use medical related data in the application
3. To use data analysis features according to his need
4. To view visualization from result of analysis
5. To evaluate whether the analysis result of the application is accurate
6. To evaluate whether the application could be used as a tool in his daily work,

Time per Task

Data Selection 10%
Interpretation & Evaluation 40%
Data Processing 25%
Data Analysis 10%
Data Transformation 15%

Backgrounds

Greg is a medical data analyst in one of general hospital. He does data analysis as requested from third party, or for business needs of the hospital. Often his job require careful analysis of the data as he deals with patients data while still needs to fulfill business

With the trend of big data, he wanted to learn it as he might get big data analysis as his job assignment in the near future. After he read about big data and its tool analysis, he search if is there any tools that could help him analyzes data at ease.

Analysis Impact

The data analysis done by Greg would be reported to third party as requested; one of them is insurance agency that needs accurate data analysis of their clients. Mistakes in analysis could result to wrong decision and leads to loss for insurance agency. From Patients side, accurate analysis would give them right benefit or help them to avoid wrong medical decision

Scenarios

• Greg heard about h2o data analysis which could help him explore data easily and do data analysis faster than existing application
• He searches the internet, finds the h2o website and decides to try it. He run the h2o, follows the tutorial to do simple data analysis
• Greg then saw recommended frontend web application, hViewO and decides to try it too
• Greg runs the web application and reads the features explained on the homepage. After that, he decides to try the application
• Greg follows the standard flow of the application including advanced options: field filtering in the data, setting Random Forest parameters, and then building the model
• Greg gets the result of analysis, confusion matrix, and the visualization.
• Greg evaluate the analysis result; whether it is accurate or not compared to his data analysis result in his previous work

图 4-13　人物建模

在这里简单总结一下人物建模的几个步骤

（1）收集一些数据：定量调研、使用日志等；

（2）头脑风暴可能的维度：如行为、态度、能力、动机；

（3）识别明显差异性行为特征，决定维度；

（4）验证维度：采访若干用户；

（5）归纳各个角色的目标与特性；

（6）检查完整性与重复性：MECE（相互独立，完全穷尽）；

（7）丰富细节。

（3）写问题脚本（Problem Scenario）：

基于你对所建模型中人物角色的理解，就可以较为容易地推导出他在使用产品的时候可能会遇到的问题，把这些问题按照主次顺序罗列出一个问题清单，为了便于理解，也可以将这些问题以情景故事的方式展示出来，便于团队成员的理解。

（4）写动作脚本（Action Scenario）

将罗列出的问题清单进行可行性的解答，为每个问题提出相应的解决方案。这一步同样可以用情景故事的形式展示。把这些解决方案糅合到故事中，情景故事的好处就是代入感较强，对其他人来说也更容易理解。国内比较推崇故事版，但是缺点就是把所有情景画出来的效率是非常低的。

（5）画线框图（Framework）

到了这一步，我们对自己设计的交互方案其实已经有了一个比较抽象的概念，现在需要做的就是把这些抽象的概念具象化处理。线框图（Wireframe）（如图4-14所示）是软件或者网站设计过程中非常重要的一个环节。线框图是整合在框架层全部3种要素的方法：通过安排和选择界面元素来整合界面设计；通过识别和定义核心导航系统来整合导航设计；通过放置和排列信息组成部分的优先级来整合信息设计。通过把这三者放到一个文档中，线框图可以确定一个建立在基本概念结构上的架构，同时指出了视觉设计应该前进的方向。对于更小或更简单的网站来说，一个线框图就足够作为所有即将建立的页面的模板。对于大多数项目来说，无论如何，都需要用多个线框图来传达复杂的预期结果。不过，你不需要为网站的每一个页面都准备一个线框图。正如结构设计流程允许我们把内容要素总结成各个种类一样，一个数量相对较少的标准页面类型将在绘制线框图的过程中慢慢浮现。

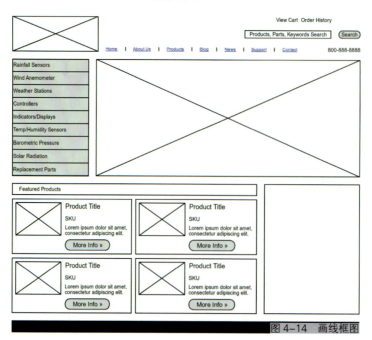

图4-14 画线框图

（6）制作原型（Prototype）

就算没有程序员帮忙，可以使用的原型工具还是很多的。例如Axure RP、Invision、Pencil Project、Mockup等都比较有名，国内也有不少，其中Axure的使用频率可能会更高一些。但是无论你用哪一个工具，只要把基本的产品交互做出来就可以了，一个原型不需要做到面面俱到，只要把大的框架和主要的交互方式表达清楚就可以了（如图4-15所示）。

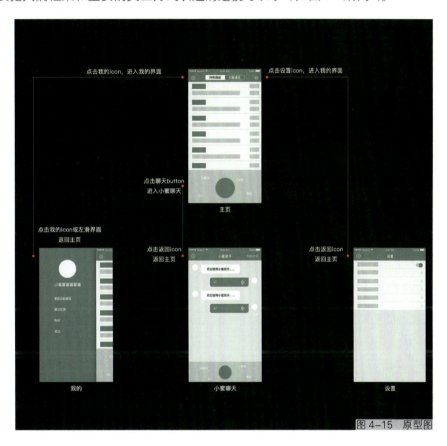

图 4-15　原型图

（7）专家评测（Expert Evaluation）:

在条件允许的情况下可以请其他项目设计师和交互设计师对产品进行反复的原型测试，提出其中的问题点和改进建议，以此来反推修改线框图，以得到更加完善的设计原型。在专家测评的时候，可以先将原型所关注的几个任务列出来，以免专家不知道原型哪部分可交互哪部分不可交互。比较常用的评测方法是启发式评估法（Heuristic Evaluation），而这种方法比较常见的标准是尼尔森交互设计法则（Nielsen Heuristic）。以下十条是尼尔森交互设计法则的具体内容：

①系统状态是否可见（Visibility of system status）

②系统是否符合现实世界的习惯（Match between system and the real world）

③用户是否能自由地控制系统（User control and freedom）

④统一与标准（Consistency and standards）

⑤错误防范（Error prevention）

⑥降低用户的记忆负担（Recognition rather than recall）

⑦灵活性和效率（Flexibility and efficiency of use）

⑧美观简洁（Aesthetic and minimalist design）

⑨帮助用户认知、了解错误，并从错误中恢复（Help users recognize, diagnose, and recover from errors）

⑩帮助文档（Help and documentation）

所谓"启发式评估法（Heuristic Evaluation）"就是所有的专家各自将自己在使用原型时所发现的问题一一罗列出来，然后将这些问题和对应的法则相关联，最后再分别给自己的问题打分。专家们在完成自己的问题列表后，所有的人再一起讨论，将问题进行整合。问题打分的方式如下：

①4分 – 问题太过严重，一旦发生，用户的进程将会终止并且无法恢复。

②3分 – 问题较为严重，很难能恢复。

③2分 – 问题一般严重，但是用户能够自行恢复，或者问题只会出现一次。

④1分 – 问题较小，偶尔发生，并且不会对用户的进程产生太大影响。

⑤0分：不算问题。

专家测评完成后，设计师再根据测评结果对自己的线框图和原型图进行相应的修改，否则，专家测评的意义就不存在了。

（8）用户评测（User Evaluation）

原型通过专家评测后，可以找一些典型用户使用原型。同样为了便于用户更加清晰地完成测评，你可以把任务列给他们，让他们自己尝试完成任务。当然也可以让他们自己去选择使用的方式。在用户使用原型的过程中，设计师要时刻关注用户的整个使用过程，将用户使用中遇到的问题记录下来，并进行评分。比较常用的用户评测方法是Think Aloud，也就是让用户使用原型完成指定的几个任务，让他们在使用过程中将他们每一步和心中的想法说出来，如果他们忘记说或者不知道该如何表达的时候，设计师可以根据实际情况进行适当提问。与此同时，可以配合使用录屏软件或摄像头。将使用屏幕和声音录下来，完成后，我们可以回放这些视频，把观察到的问题和用户报告的问题全部记录下来，与交互法则关联并且打分。

值得注意的是，很多人更习惯给出建议而不是提出问题，例如"这个按钮应该更大一点，这样才看的到"。这时，你该记录下来的是"按钮不够引人注意"。有趣的是，用户评测的结果可能和专家评测的结果相差很远，这就需求设计师与团队结合自己产品的最初目标来进行一个平衡。

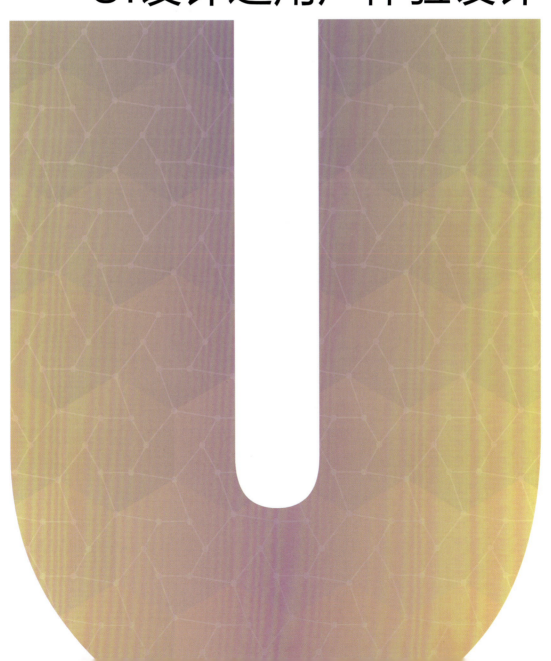

PART 5

第五章

UI设计之用户体验设计

U 5.1 用户体验的重要性

　　UX（用户体验设计）研究，或被称为设计研究、用户体验研究，在整个设计过程中起到多方面的作用。它可以帮助我们确认、证明或反驳我们的假设，发现我们目标受众的共性，并提取他们的需求、目标和心智模型。总而言之，设计研究给我们的设计提供灵感，促进我们的认识、理解，并验证我们的决定。关于用户体验的含义，追根溯源，需要引用一下用户体验这一领域的开拓元勋Jacob Nielsen 和 Don Norman 对于它的描述："用户体验囊括了终端用户同相关公司、服务和产品的全部交互。"所以当我们针对一个产品探讨它的用户体验时，涉及到的不仅仅是用户在使用产品时的体验，同时还包含了与这个产品相关的公司、网站、文案设计、视觉设计、信息架构设计等所有给人的感觉和体验，以及包括产品后期的购买体验、服务感受体验、回馈体验、售后跟踪体验等等。

　　综上所述，创造令人满意的用户体验并不是一件简单的事情，它也不是传统认为的一个阶段性的工作，它是贯穿于任何项目始终的。所以我们需要清楚地知道我们的目标用户需要什么，自己具备什么样的技能，能提供什么样的服务。在这个基础上，我们就有可能设计出令用户满意的用户体验。简而言之，用户体验研究能帮你获得设计并构建产品的相关信息和知识。接下来，我们来看看Dan Willis 是如何阐述用户体验解决用户问题的过程（如图5-1所示）。

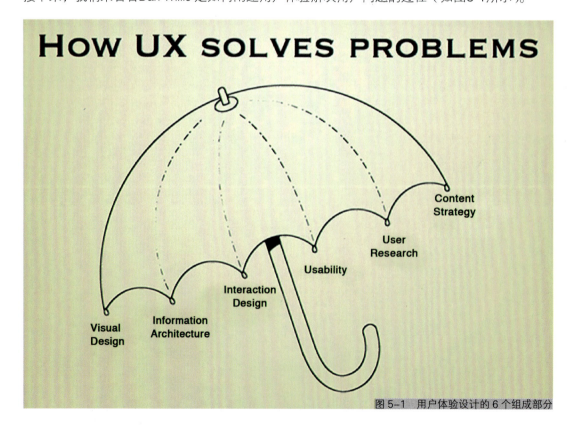

图 5-1　用户体验设计的 6 个组成部分

根据图5-1所示，Willis认为用户体验（UX）包含了视觉设计、信息架构、交互设计、可用性设计、用户研究和内容策略这6个部分。这个说法再一次强调了用户体验是多领域的组合，如果你想打造真正令人惊艳的产品，这些不同的领域和组件需要和谐地组合在一起，相互促进。

事实上，所谓的用户体验设计，其中一个很重要的部分就是要做用户体验研究，接下来我们来探讨一下我们在做用户体验研究的价值所在。

用户体验研究本质上和用户研究、设计研究相差不大，它是用户和产品之间的重要桥梁。一个合格的产品设计最终是要解决用户需求的，用户体验设计让人成为产品开发过程的核心。如果要给用户体验研究下一个定义，那么它可以这样去表述："用户体验研究旨在通过不同的方式获取用户反馈、收集思路，以理解用户行为、需求和态度。"所以，用户体验研究的真正价值在于，它是基于真实、无偏见的用户反馈，它并不会受到权威和意见领袖的影响，它只会简单而直观地反馈用户的想法。

那么用户体验研究又是如何融入到产品开发过程中的呢？用户体验研究会呈现出有价值的用户想法，设计师需要在开发前做用户体验研究，还是在开发过程之后？又或者同开发过程同期推进？这些问题是大多数初学者关于用户体验的疑问。事实上，对于这些问题，并没有一个固定的答案，它通常取决于产品类型和产品的生命周期。不过，如果你将产品研发看作是一个持续不断、且不会随着发布而停止的动态过程的话，那么用户体验研究可以在整个过程中担任以下两个角色。

（1）初始用户研究

初始用户研究是在产品研发初期阶段进行的用户研究，它有助于帮助开发团队和利益相关者、创业者摸清产品的目标用户，便于了解目标用户在什么时候什么情况下使用该产品，以及产品要解决的基本问题是什么。通常，初始用户研究输出的结果是用户角色、产品使用场景和用户旅程体验地图（如图5-2所示），在做产品和设计决策的时候，这些信息是至关重要的。

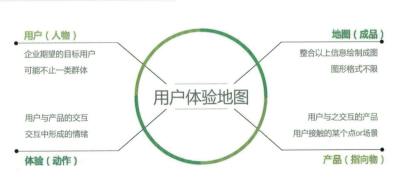

图 5-2　用户体验地图（图片来源：王晓芳 前苏宁云商设计经理）

（2）持续进行的基于目标的用户研究

这一研究角色能在产品研发的任何阶段进行，尤其是当有明显的问题有待解决的时候。例如当你发现你的在线商店中，用户完成最终支付的比例非常低的时候，你需要找到其中的缘由，那么正好可以选择少量的目标用户来执行用户测试，找到他们难于完成支付的症结所在。这种方法有助于作出基于实际用户反馈的重要决定，尤其当产品处于研发过程中，并且有多种设计方案可供选择的时候，用户研究会在此起到重要作用。

根据遭遇问题的类型，目标驱动的用户研究可能采用的方法也不尽相同。比如，如果你需要优化信息架构，那么可以采用卡片分类法；如果你试图找出比较严重的可用性的问题，那么你可以采用启发式评估。用户研究如果能融入产品研发的每一个环节，其效用是最好的。这样的话，我们就可以根据实际用户的反馈进行测试、验证和迭代了。

尽管在创造优质产品的过程中，界面和交互设计起到了重要的作用，但是它们却不能没有真实的用户数据作为支撑。用户体验研究解决了这个问题，它填补了实际可用产品和吸引人的视觉设计之间的鸿沟，如果你知道何时何地运用什么样的用户体验研究方法，那么你就能合理地运用数据，作出明智的设计决策。

5.2 常用研究方法、工具及如何选择正确的研究方法

5.2.1 为什么需要用户体验研究

对于一个在乎目标用户群体的设计领域来说，调查研究是极其重要的。设计师提出问题，记录观察相关信息，了解一切关于目标用户群体的信息，然后在整个设计过程中不断测试我们的想法或者设计。

用户体验研究涵盖了多种调查研究方法，这些方法可以给我们的设计提供背景信息和深刻启发。用户体验研究的主要目标是从最终用户的角度给整个设计提供信息、灵感，它使我们避免一个错误：为我们设计而非用户。有一个大家普遍接受的概念，那就是UX或以用户为中心的设计之目的都是要将最终用户考虑进来。正是调查研究的这个过程告诉我们：用户是谁，在什么样的情境中使用我们的产品或者服务，以及他们需要从我们这里得到什么。

考虑到前面所说的内容，调查研究可分为两部分：数据收集，数据综合，这些都会为提升可用性提供帮助。在项目开始时，设计研究的重点是了解利益相关者的项目需求，以及最终用户的需求和目标。研究人员将进行访谈，收集调查问卷，观察预想的情况或当前用户的行为，并回顾已有的文献、数据或分析结果。紧接着，用户体验研究在整个设计过程中反复进行，研究重点逐渐转移到易用性以及用户的感受上。研究人员可能会进行可用性测试或A/B测试，通过访谈了解用户的使用过程。除此之外，也会测试有可能改善设计的假设。

我们可以把用户体验研究方法分为两大阵营：定量和定性。

（1）定量研究

定量研究是指任何可以用数字来衡量的研究，它回答这样的问题，如"有多少人点击了这里？"或"有多少比例的用户能找到并发起操作？"理解统计上的可能性，以及网站和APP上所发生的事情是很有价值的。

（2）定性研究

定性研究有时也被称为"软研究"，它帮助我们理解为什么用户会这样做，这些信息往往以访谈或对话的形式获得。通常包含这样的问题"为什么用户没有注意到发起操作的提示？"和"用户在这个界面中还注意到什么？"

尽管研究人员可能会专注于特定类型的访谈或测试，但大多数研究人员都需要采用多种方法。研究人员会收集一些有价值的信息，这会帮助我们了解情境并以用户为中心进行设计。

5.2.2 常用研究方法

5.2.2.1 用户访谈

实际情况证明，研究人员在用户或者利益相关者之间进行一对一的访谈是最有效的。 下面是3种主要的访谈形式，我们需要根据不同的目标以及情况选择合适的访谈形式。

（1）定向访谈是最常见的访谈形式。研究者提问一些明确的问题，与受访人进行典型的问与答。当需要研究的用户量很大时，这是一种有效的方法，或者当我们需要去比较、对比不同用户之间的区别时，这种方法也是相当有效的。

（2）非定向访谈是处理棘手问题的最佳方法，在这种情况下，直接提问会打断用户或者利益相关者。在非定向访谈中，访谈人需要建立一些最基本的准则，并且和受访人开启对话。在访谈过程中，访谈人大多数情况下是在聆听，仅仅表达一些语句去促进、引导用户或者利益相关者提供更多的细节或解释他们的概念。

（3）人种志访谈是指在真实的生活、工作环境中观察人们的行为是怎样的。在这类访谈中，面试人要融入、沉浸在受访人的工作或家庭氛围中，同时让用户展示他们是如何完成某些任务的。这可以帮助研究人员了解人们真实所做与他们所说之间区别（说的和做的往往不一样）。这种方法也可以让我们了解到一些有趣的信息，如：只有在最舒服的情况下用户才会产生的行为。

与问卷不同，在访谈中可以与用户有更长时间、更深入的交流，通过面对面沟通、电话等方式都可以与用户直接进行交流。访谈法操作方便，可以深入地探索被访者的内心与看法，容易达到理想的效果，因此也是较为常用的用户研究方法。访谈法一般在调查对象较少的情况下采用，因此常与问卷法、测试法等其他方法结合使用。

定性研究对访谈员的专业素质要求较高，通常访谈者会根据研究目的，事先准备一些问题或者交流的方向。根据不同的目的，访谈又可以分为结构式、半结构式和完全开放式访谈。

（1）结构式访谈：访谈员抛出事先准备好的问题让被访者回答。为了达到最好的效果，访谈员必须有一个很清晰的目标，提出的问题也需要经过仔细推敲和打磨。为了准备足够高质量的问题，可以列出所有问题让有经验的研究员评估，甚至小范围地找用户做一轮预访谈都是有必要的。由于在结构式访谈中提出的问题都是固定的，所以回答也必须清晰，可以对比并分析不同被访者的答案，但很难有更深入的发现。

（2）完全开放式访谈：访谈员和被访者就某个主题展开深入讨论。由于形式与回答的内容都是不固定的，所以被访者可以根据自己的想法进行全面回答或者简短回答。但需要注意的是，访谈人员心中要有一个访谈计划和目标，尽量让谈话围绕着主题进行。有时，一些活跃用户会提出新点子，访谈人员需要控制访谈节奏，避免偏离主题。

（3）半结构式访谈：半结构式访谈融合了结构式访谈和完全开放式访谈的两种形式，也涵盖了固定式的和开放式的问题。为了保持研究的一致性，访谈员需要有一个基本的提纲作为指导，以便让每一场访谈都可以契合主题。在访谈之前认真地准备甚至学习一些访谈技巧也很重要，以下是访谈员需要掌握的几点访谈技巧及注意事项。

① 在访谈前做好充分的准备（包括明确目标、访谈对象、工具、地点、时间等）；

② 避免提有诱导性或暗示性的问题；

③ 避免提封闭性问题；

④ 避免使用专业术语（如页卡、Logo）；

⑤ 适当追问，关注更深层次的原因；

⑥ 营造良好的访谈氛围，注意语气、语调、表情、肢体语言。

这三种访谈方式对比如表5-1所示。

表 5-1　不同环境对信息产品设计的影响

结构式访谈	半结构式访谈	完全开放式访谈
•对问题已经形成初步的想法，只需要确认 •对象不可能有更深入的看法	•有研究的框架 •需要了解深层次的想法	•了解基本情况，提出问题 •事前难以确定分析的框架

5.2.2.2 调查问卷

调查问卷又称调查表或询问表，是以问题的形式系统地记载调查内容的一种印件（如图5-3所示）。问卷可以是表格式、卡片式或簿记式。设计问卷，是询问调查的关键。完美的问卷必须具备两个功能，即能将问题传达给被问的人和使被问者乐于回答。要完成这两个功能，问卷设计时应当遵循一定的原则和程序，运用一定的技巧。

调查与问卷都是收集大量信息的方法，简便又高效。对于拥有大量用

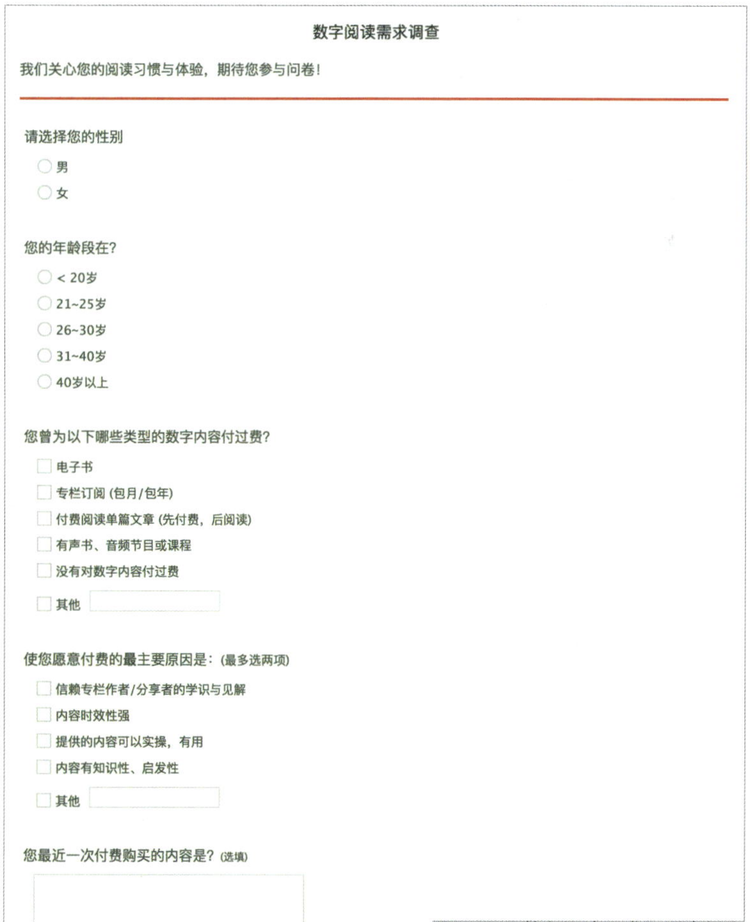

数字阅读需求调查

我们关心您的阅读习惯与体验，期待您参与问卷！

请选择您的性别
○ 男
○ 女

您的年龄段在?
○ < 20岁
○ 21~25岁
○ 26~30岁
○ 31~40岁
○ 40岁以上

您曾为以下哪些类型的数字内容付费?
□ 电子书
□ 专栏订阅 (包月/包年)
□ 付费阅读单篇文章 (先付费，后阅读)
□ 有声书、音频节目或课程
□ 没有对数字内容付过费
□ 其他

使您愿意付费的最主要原因是: (最多选两项)
□ 信赖专栏作者/分享者的学识与见解
□ 内容时效性强
□ 提供的内容可以实操，有用
□ 内容有知识性、启发性
□ 其他

您最近一次付费购买的内容是? (选填)

图 5-3 "数字阅读需求"调查问卷

户或者不同组别的项目，以及有匿名要求的项目来说，这种方法都是很好的选择。研究人员可以使用类似Wufoo或Google Docs的工具创建调查问卷，然后通过电子邮件发送出去，只需短短几分钟，就可以收到数以百计的回应。

很显然，调查与问卷有优就有劣。使用这种方法，研究人员无法与回应的人直接交流互动，因此无法向他们解释问题，或者在问卷问题表述不当时帮助他们，也就是说，研究人员无法跟进反馈。另外，当我们不要求用户注册登录或者填写联系人信息时，这种方法可以得到较高的回应率，但也因此无法进一步获取他们的解释或细节信息。

问卷法是以书面形式向特定人群提出问题，并要求被访者以书面或口头形式回答来进行资料搜集的一种方法。问卷可以同时在较大范围内让众多被访者填写，因此能在较短时间内搜集到大量的数据。与传统调查方式相比，网络调查（包括PC、移动等多种终端）在组织实施、信息采集、信息处理、调查效果等方面具有明显的优势。但是，做好一份问卷并不容易，尤其是在制订问卷目标、设计问题及文案上都有一定的专业要求。

设计问卷，首先要明确问卷法的目标及适用范围。我们经常看到许多设计团队在使用问卷法的时候得到了许多不明确甚至相反的结论。从目标制订、方案设计、样本回收、数据统计分析到最后的结果输出，每个环节都需要严格把关。

如在研究开始时需要明确目标，确定哪些是问卷法可以解决的问题，比如研究用户使用打车软件的习惯时，应该把什么样的用户列入调查范围？打车软件的范围包含哪些？仅限于出租车还是可顺便载客的家用车？普通轿车还是高级轿车？涉及过去的使用经历还是现在的使用现状？是否受政策或者特殊福利的影响等等。在问卷设置阶段，要考虑问卷结构、问题设置的一般原则，控制问卷的长度等。

5.2.2.3 焦点小组

焦点小组（Focus Group）是由一个经过训练的主持人以一种无结构的自然的形式与一个小组的被调查者交谈。主持人负责组织讨论。小组座谈法的主要目的，是通过倾听一组从调研者所要研究的目标市场中选择来的被调查者，从而获取对一些有关问题的深入了解。这种方法的价值在于常常可以从自由进行的小组讨论中得到意想不到的发现。

"焦点小组"比起便捷的个人访谈或者问卷调查，是一种更为真实可信的方法。研究者谈到这种方法的优势时写道："它允许个人提出尝试性的解释，随后其他人可以进行否决；它容许以强凌弱者们将他们自己的观点强加到别人头上；由于人们的爱憎情感，解释被模式化与扭曲化，而这些都是现实生活中经常发生的事情。"

在"焦点小组"进行问问题的时候，主持人的技巧很重要。问题的顺序应该是先易后难，先问行为后问态度。在有些消费者不太愿意说的话题上可以用投射的方法。例如，有些消费者不买某些东西是因为嫌贵，但是在大家面前他们可能会不好意思说，就会说觉得东西用不上之类的。这时就可以用投射的方式来问，可以问"你的朋友会买吗？如果不会，你觉得他们的原因是什么。"这时消费者的心理防线就没那么强，其实他说的还是自己。

焦点小组是用户研究项目中常见的研究方法之一，依据群动力学原理，一个焦点小组应由6～8人组成，在一名专业主持人的引导下，以一种无结构或半结构的形式，对某一主题或观念进行深入讨论，从而获取相关问题的一些创造性见解。焦点小组特别适用于探索性研究，通过了解用户的态度、行为、习惯、需求等，为产品收集创意、启发思路。

焦点小组讨论的参加者是产品的典型用户。在进行活动时，可以按事先定好的步骤讨论，也可以撇开步骤自由讨论，但前提是要有一个讨论主题。使用这种方法对主持人的经验及专业技能要求很高，需要把握好小组讨论的节奏，激发思维，处理一些突发情况等。焦点小组主持人应注意的问题如图5-4所示。

图5-4　焦点小组的主持人应该注意的问题

5.2.2.4 卡片分类

卡片分类（如图5-5所示）时常作为访谈或可用性测试的一部分。在卡片分类中，我们向用户提供一组词汇/术语，并要求他们对其进行分类。卡片分类可以分为封闭式卡片分类和开放式卡片分类两种方式。在封闭式卡片分类中，我们给用户确定类型名；而在开放式卡片

图5-5　卡片分类

分类中，用户需要根据自己的感觉创建合适的类型名。

卡片分类的目标是探索内容之间的联系，并更好地理解用户所感知的层次结构。许多内容策略师和信息架构师依靠卡片分类来测试层级是否合理，或者以此开始制作网站地图的工作。

5.2.2.5 可用性测试

（1）可用性测试的概念

可用性测试（或可用性评估）是让一群具有代表性的用户对产品进行典型操作，同时观察员和开发人员在一旁观察，聆听，作记录。在ISO-9241-11中对于可用性做出了明确的定义：一个产品可以被特定的用户在特定的境况中，有效、高效并且满意地达成特定目标的程度。（Extent to which a product can be used by specified users to achieve specified goals with effectiveness, efficiency and satisfaction in a specified context of use.）用户所使用的产品可能是一个网站、应用程序，或者其他任何产品，它可能尚未成型。测试可以是早期的纸上原型测试，也可以是后期成品的测试。可用性测试包含的步骤有：定义明确的目标和目的，安装测试环境，选择合适的受众，进行测试和报告结果。

可用性测试包括询问潜在的或正在使用当前产品或服务的用户，让他们完成一组任务并观察其行为，然后以此确定产品或服务的可用性。这项工作可以通过使用正在运营的网站或应用程序进行，也可以使用原型、可交互的线框图，甚至是纸和笔来进行。

（2）可用性测试的方法

虽然有许多不同类型和风格的可用性测试，但下面这三个是经常用到的测试方法：有主持的可用性测试，无主持的可用性测试，游击式测试。

① 有主持的可用性测试是最传统的测试类型。它可以通过人，或者通过屏幕共享和视频进行。为了完成有主持的可用性测试，我们通常需要建立完整的可用性实验室，并且为利益相关者配备单向观察室。在测试过程中，主持人需要保持中立，与用户坐在一起，宣读测试任务并且提醒用户运用出声思维法完成这些任务。主持人的作用是在利益相关者和用户之间建立联系管道，通过问题来评估设计以及假设的有效性。与此同时，主持人还要让用户在整个过程中感到舒适。

② 无主持的可用性测试，有时也被称为异步研究。它在网上进行，充分考虑了用户的便利性。测试任务和指令通过视频或录制的音频传送，用户点击按钮开始测试，与此同时，测试人员还会录屏、录音，并把这些资料保存下来以便分析。与有主持的可用性测试一样，测试人员需要鼓励用户大声说出他们的想法，尽管在这种方法中并没有主持人提出问题。无主持的测试可通过许多在线网站进行，这种方法也比有主持的测试便宜很多。

③ 游击式测试是一个相比传统测试而言更现代、轻盈的测试方法。不同于建立或租用一间实验室，游击式研究通常在社区进行，测试人员在咖啡馆或地铁站寻找用户完成基本的测试任务（关于网站或服务等）。作为回报，测试人员可以支付参与测试用户少量的报酬或者赠送一杯咖啡。虽然游击式测试是一个很棒的选择（尤其当考虑预算时），但使用这种方法的前提

是产品或者服务拥有庞大且较为坚固的用户群。小众产品很难从这种方法中获得很多有用、可靠的信息。

（3）可用性测试的流程

可用性测试是指在设计过程中用来改善产品的可用性的一系列方法。在典型的可用性测试中，用户研究员会根据测试目标设计一系列操作任务，通过测试5～10名用户完成这些任务的过程来观察用户实际如何使用产品，尤其是发现这些用户遇到的问题及原因，并最终达成测试目标。在测试完成后，用户研究员会针对问题所在，提出改进的建议。可用性测试的基本流程大致可以分为以下几个步骤。

① 确定测试目标

根据设计项目的整体目标确定为什么要进行可用性测试，并预测在测试的过程中可能会遇到哪些问题，以及希望通过测试得到哪些答案。

② 确定参与测试的用户

根据项目要求，确定参与测试的用户类型，招募测试用户。

③ 拟订测试大纲

根据测试目标，模拟用户实际操作，设计测试流程，拟订测试大纲。

④ 进行测试

进行测试的过程中，测试人员要鼓励测试用户出声思考（"think aloud"），将自己的操作思路和想法一起分享出来，测试人员要密切观察用户操作，并做好相关的记录工作。

⑤ 测试结果的输出

整理测试发现的所有问题，针对分析重点问题，提出可能的解决方案。

通过可用性测试能尽可能早地发现问题，通过改进问题提高用户的满意度、忠诚度，降低用户使用的成本。此外可用性测试的实施成本低、易操作，因此被广泛采用。在可用性测试中也有访谈，但与前面介绍的用户访谈不同的是，可用性测试是先观察用户的操作，再通过访谈得到测试中问题的答案，重点关注现象背后的原因。图5-6是腾讯网北京用户体验室。

（a）可用性实验室　　　　　　（b）焦点小组体验室　　　　　　（c）现场测试

图 5-6　腾讯网北京用户体验室

5.2.2.6 树状测试

如果说卡片分类是在建立架构前收集信息的最佳办法，那么树状测试则是验证该架构的最佳办法。在这种测试中，测试人员给用户一个任务，并且给他们示出一个网站地图的最高层级。然后，与可用性测试类似，他们需要在测试过程中不断地说出自己的想法。但是，不同于可用性测试的是，当用户选择一个模块时，他们不会看到这个模块的界面，而是看到系统架构的相应层级。这样做的目的就是确定信息是否被正确地分类，并且验证该模块的命名是否恰当地反映了这个模块。

5.2.2.7 A/B测试

页面或流程设计为两个版本（A和B）或多个版本（A/B/N），同时随机地让一定比例抽样客户访问，然后比较各个版本的实际效果（转化率），最后选择效果最好的版本正式发布给全部客户。A/B测试的目的是消除用户体验（UX）设计中不同意见的纷争，根据实际效果确定最佳方案。通过对比试验，找到问题的真正原因，提高产品设计和运营水平；建立数据驱动、持续不断优化的闭环过程。

部分企业或公司团队倾向的A/B测试是在App和Web开发阶段，将用于制作A/B版本和采集数据的代码添加在程序中，但事实是由此引起的开发和QA的工作量很大，ROI（Return On Investment）很低。另外由于A/B测试的场景是固定的、有限的，由此App和Web发布后，无法再增加和更改A/B测试场景。与此同时，额外的A/B测试代码，增加了App和Web的后期维护成本。那么正确的A/B测试方法是什么呢？

在App和Web上线后，通过可视化编辑器制作A/B测试版本，设置采集指标，即时发布A/B测试版本。A/B测试的场景数量是无限的，在App和Web发布上线后，根据实际情况，设计A/B测试场景，这样更有针对性，更有效，而且无需增加额外的A/B测试代码，对App和Web的开发、QA和维护的影响最小。

A/B测试是研究用户行为的另一种方式，当设计师纠结于两个相互竞争的因素时，通常会选择A/B测试。设计师可能会纠结于两种不同的内容形式，纠结放一个按钮还是一个链接，或者纠结两种不同的到达主界面的方式，无论他们到底在纠结什么，我们都需要在相同数量的用户面前随机地展示方案（即A方案或B方案），然后进行分析：对于一个特定的目标来说，哪个方案更优。当我们需要比较旧版本与新版本，或者需要收集数据来验证假设时，A/B测试法都很有价值。

5.2.2.8 用户画像

（1）定义

用户画像又称用户角色（Persona），作为一种勾画目标用户、联系用户诉求与设计方向的有效工具，用户画像在各领域得到了广泛的应用。我们在实际操作的过程中往往会以最为浅显和贴近生活的话语将用户的属性、行为与期待联结起来。作为实际用户的虚拟代表，用户画像所形成的用户角色并不是脱离产品和市场之外所构建出来的，形成的用户角色需要有代表性，能代表产品的主要受众和目标群体。

一般的，在产品没有上线、市场前景较为模糊、产品需求还需探索的阶段，定性化的用户画像能有效地节省时间、资源，在较短的时间通过桌面研究、访谈等定性化的方法来获得用户画像是一种比较可行和最优的方式。事实上，用户画像是一种能将定性与定量方法很好结合在一起的载体，通过定量化的前期调研能获得一个对于用户群较为精准的认识，在后期用户角色的建立中能很好地对用户优先顺序进行排序，将核心的、规模较大的用户着重突出出来。定性化的方法虽然无法对不同单位的特征作数量上的比较和统计分析，但能对观察资料进行归纳、分类、比较，进而对某个或某类现象的性质和特征做出概括，在角色建构的过程中，定性化的方式能获得大量用户的生活情境、使用场景、用户心智等资料，进而形成活生生的用户类型。基于后台数据的支持和挖掘，可以选择将定量化和定性化方法相结合来创建用户画像。

（2）用户画像的功用

用户画像是创造一系列的"典型"或者"象征性"的用户，但用户画像的一个更高层次的功用在于使用用户画像融合边缘情况的行为或需求。

首先，可以对后台数据进行提取，通过后台数据挖掘了解到用户上网环境的一些关键指标。在对用户使用场景有一些初步把握后，我们随机提取了10万用户UID样本量，获取用户的职业身份、年龄、性别、学历、浏览习惯（手机、浏览器）、用户的交易偏好等关键因素，进行清洗后，使用SPSS聚类分析确认区分最明显的因素。

其次，在用户画像的过程中有一个很重要的概念叫作颗粒度，就是我们的用户画像应该细化到哪种程度。举一个极端的例子，"用户画像"最细的颗粒度应该是细到每一个用户每一具体的生活场景中，但是这基本上是一个不可能完成的任务，但是如果用户画像的颗粒度太大，对于产品设计的指导意义又相对变小了，所以把握好画像的总体丰富程度就显得异常重要。可通过调查问卷的形式来减小颗粒度。

再次，在前期数据支持下，这一阶段需要发挥变性研究的长处，前期如果是一个搭建骨架的过程，那么这一阶段就是一个塑造有血有肉的活体的过程了。重点挖掘其生活情境与使用场景，围绕用户的行为特征，通过添加环境、人际关系、操作熟练程度、使用意向、人口统计学属性等细节对用户进行描述，形成用户画像的框架。此外，对用户画像取合适的名字、适当描述个性、附照片等能使角色更加生动，栩栩如生，更易于设计师形成直观印象。

（3）用户画像的七个基本条件

David Travis认为一个令人信服的用户角色要满足七个条件，即PERSONA。

P 代表基本性（Primary research），指该用户角色是否基于对真实用户的情景访谈。

E 代表移情性（Empathy），指用户角色中包含姓名、照片和产品相关的描述，该用户角色是否有同理心。

R 代表真实性（Realistic），指对那些每天与顾客打交道的人来说，用户角色是否看起来像真实人物。

S 代表独特性（Singular），每个用户是否是独特的，彼此很少有相似性。

O 代表目标性（Objectives），该用户角色是否包含与产品相关的高层次目标，是否包含关键词来描述该目标。

N 代表数量（Number），用户角色的数量是否足够少，以便设计团队能记住每个用户角色的姓名，以及其中的一个主要用户角色。

A 代表应用性（Applicable），设计团队是否能使用用户角色作为一种实用工具进行设计决策。

事实上，用户画像也存在一定的缺陷。对于不同的数据来源，可以获得的用户数据只是少量的。了解不同用户在不同情境（交通过程中，上班途中，睡觉前）的典型使用行为与习惯，在不同情景下，不同典型用户操作行为和习惯有什么不同。同时我们按照职业对用户进行分类的方法可能还存在问题，还需要研究不同行业人士、不同职业背景、不同身份地位的人的行为，细化专业人员与专业行业，以使用行为模式为特征提取共性，探索在不同典型场景开发出新需求点的可能性。

对于设计师来说，明确理解用户"可以做什么及为什么这么做"是设计产品或服务的关键。对用户的理解或者洞察，建立在深入分析目标用户的基础上。有了对目标用户的了解与结论后，可以逐步提炼用户的需求，并开始设计产品。然而不幸的是，随着研发进程的推进，对用户的大部分理解在设计的途中渐渐消失了，不同的设计师乃至决策者，经常会在产品原型产出后再次修改设计方案乃至整个产品方向。

为何会有这种对用户理解的遗失？在本质上，用户是复杂多样的，在整个设计开发过程中没有一个具体的、强有力的形式来表达目标用户，决策者与设计师很容易按照自己的想法来设计产品或服务。这种闭门造车的方法或许会导致设计师忘记目标用户的雏形。因此，一个可信的、易于理解的用户模型需要贯穿在开发流程中，它应该是一个鲜明的形象，就像生活中的某个人，我们可以通过与他建立关系来理解和分析用户需求。

5.2.2.9 眼动测试

对个体而言，外界信息80%~90%是通过眼睛获取的。眼动有一定的规律性，眼动测试就是通过眼动仪（如图5-7、5-8所示）记录用户浏览页面时视线的移动过程及对不同板块的关注度。通过眼动测试可以了解用户的浏览行为，评估设计效果。眼动仪通过记录角膜对红外线反射路径的变化，计算眼睛的运动过程，并推算眼睛的注视位置。

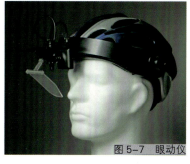
图5-7 眼动仪

图5-8 可穿戴式眼动仪

　　眼动仪可以帮助我们记录快速变化的眼睛运动数据，同时可以绘制眼动轨迹图、热力图等，直观而全面地反映眼动的时空特征。眼动分析的核心数据指标包括停留时间、视线轨迹图、热力图、鼠标点击量、区块曝光率等，通过将定量指标与图表相结合，可以有效分析用户眼球运动的规律，尤其适用于评估设计效果。

　　首先简单解读图5-9所示的眼动核心图表。在眼动热力图中，可以显示参加实验的用户视线集中区域的分布，在红色视线最集中的区域用户看得最多，其次是黄色区域、紫色区域，没有颜色的区域代表没有用户浏览。在视线轨迹图中，可以显示不同用户在浏览页面时如何移动视线，每个颜色的圆圈代表1个用户，圆圈越多的区域就有越多的用户进行浏览。圆圈越大，用户浏览越仔细。

　　如图5-9所示，针对两个资讯文章的页面进行眼动分析可以发现，A版排版密集，用户视线分散杂乱；B版则有重点段落区隔，用户浏览视线有规律。不难发现，B版的设计排版效率明显优于A版。

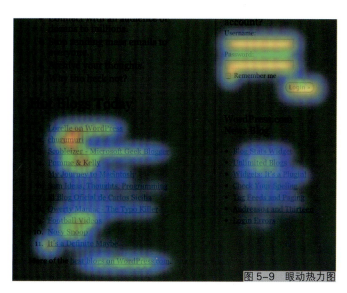
图5-9 眼动热力图

5.2.2.10数据分析

（1）概念

数据分析是用适当的统计分析方法对收集来的大量数据进行分析，将它们加以汇总、理解并消化，以求最大化地开发数据的功能，发挥数据的作用，是为了提取有用信息和形成结论而对数据加以详细研究和概括总结的过程。数据分析一般包括准备阶段、实施阶段和结果呈现3个阶段，如图5-10所示。

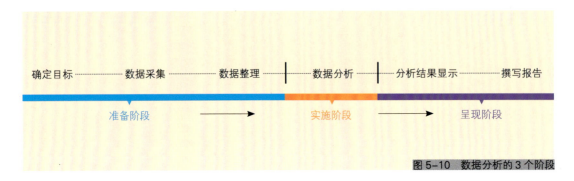

图 5-10 数据分析的 3 个阶段

（2）数据分析的分类

数据分析是设计师了解用户使用行为及习惯的最有效的常用途径之一。常用的数据分析维度主要包括日常数据分析、用户行为分析、产品效率分析等，根据研究目标的不同，侧重点也有所差异。

① 日常数据分析主要包括总流量、内容、时段、来源去向、趋势分析等。通过日常数据分析，可以快速掌握产品的总体状况，对数据波动能够及时做出反馈及应对。

② 用户行为分析可以从用户忠诚度、访问频率、用户黏性等方面入手，如浏览深度分析、新用户分析、回访用户分析、流失率等。

③ 产品效率分析主要针对具体页面产品、功能、设计等维度的用户使用情况进行。

常用指标包括点击率、点击用户率、点击黏性、点击分布等。通过上述几种数据分析方法，不仅能使设计师直观地了解用户是从哪里来的、来做什么、停留在哪里、从哪里离开的、去了哪里，而且可以对某具体页面、板块、功能的用户使用情况有充分的了解。只有掌握了这些数据，设计师们才能够有的放矢，设计出最符合用户需求的产品。

5.2.3 常用工具

用户研究有时工作量极大，所以，需要借助一定的设计工具来帮助我们完成相关的工作，常用的工具如下。

（1）Ethnio

Ethnio（如图5-11所示）是第一款有主持的远程研究软件，它因此而生并逐渐强大起来。

Ethnio可以找到正在使用此网站或应用程序的用户，并允许研究员询问用户一些有关体验的问题（当然要征得许可）。它可以自动实现人为测试中的许多元素，包括实时通知，并可以给参与者发放小礼物或礼品卡以作奖励。

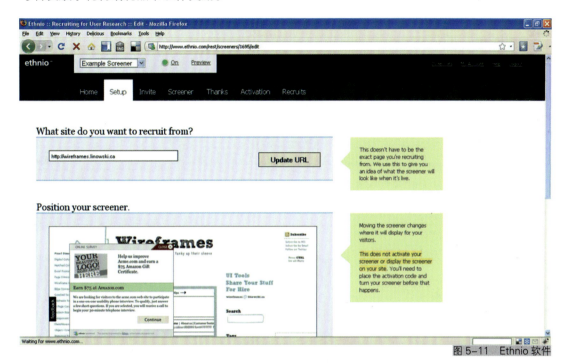

图5-11　Ethnio 软件

（2）Optimal Workshop

Optimal Workshop软件（如图5-12所示）包含四个研究工具，每项工具也可单独出售（而且非常经济实惠）。Treejack工具不仅可以很好地在远程测试信息架构，也可以在远程测试命名或层级结构；Optimal Sort工具提供在线卡

图5-12　Optimal Workshop 软件

片分类功能，可以看到用户是如何组织内容的；Chalkmark工具提供网络站点的点击模式热图；另外，Reframer是一款笔记工具，也提供了简便识别主题的功能。

（3）SurveyMonkey

调查与问卷是收集信息的好方法，特别是可以立即看到数以百计的反馈时，这种方法就更为有效。SurveyMonkey是一款在线问卷生成和分析报告工具（如图5-13所示），它允许你定制和管理自己的调查问卷，然后通过社交媒体发送出去；它也允许你将问卷嵌入到网站，或群发邮件。SurveyMonkey也可以帮助你简单地分析数据并形成报告。

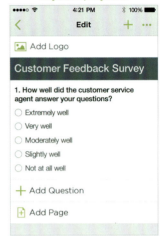

图 5-13　SurveyMonkey 软件

（4）User Testing

如果你没有条件安排用户进行实时测试，那么User Testing（如图5-14所示）可以帮助你解决这个问题，它可以让你观察到人们是如何使用网站的。研究人员可以创建一系列的任务，然后接受参与者的视频，这些参与者可

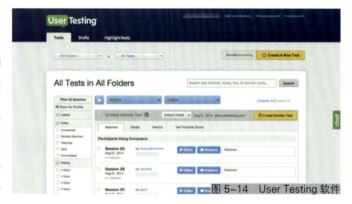

图 5-14　User Testing 软件

能是预先选定的，也有可能是随机选择的。研究人员可以观看录像，看到参与者使用该网站，听到他们解释自己在做什么。

（5）User Zoom

无论你需要什么，User Zoom都有（如图5-15所示）。可用性测试（有主持的或没有主持的）、移动或桌面端的远程测试、标杆分析、卡片分类、树状测试、调查问卷和排序，这款工具应有尽有。但是，与其他大型软件一样，User Zoom学习起来费时费力，而且比较昂贵。

图 5-15　User Zoom 软件

UI 设计　UI DESIGN

5.2.4 如何选择研究方法

用户体验研究方法比较多，非资深用户研究人员在选择用户体验研究方法时可能会存在一些困惑，本文阐述了在进行用户体验研究时如何选择研究方法的一些原则，希望可以对大家有所启发和帮助。

用户体验研究方法范围非常广泛，包括已经检验的可靠方法（例如：基于实验室的可用性测试）到最近发展形成的方法（例如：远程在线评估）。尽管几乎所有项目都可以从多种方法组合中受益，但在一个项目中都使用一整套用户研究方法是不切实际的。很多设计团队只使用一两种他们自己熟悉的方法，最主要问题是不太清楚在什么时候使用什么方法。为了更好地理解在什么时候使用什么方法，可以从以下4个维度来考虑。

（1）态度VS行为维度

态度关注用户说了什么，行为关注用户做了什么，态度主要用于了解用户所持的观点、看法。

虽然可用性研究主要关注用户行为层面的研究，但态度研究仍然是有用的。举个例子，卡片分类可以用来理解用户对信息空间的心理模型，用于帮助做出产品/应用/网站的信息架构决策。调查测量、分类态度或收集用户声音可以发现需要解决的重要问题。对于可用性来说，焦点小组讨论是不太适合的，但其可以用于了解用户对产品的感知和评价。

在这个维度的另一端就是主要聚焦于了解用户行为的研究方法。举个例子，A/B测试就是将网站的不同设计随机地向不同访客展现，但要保持其他因素恒定，目的是了解不同设计方式对用户行为的影响。同时，使用眼动测试可以分析用户在使用网站时的视线行为。

可用性研究与现场研究是在行为、态度这个维度两端的最常用方法，同时这两种方法在使用时都会收集和利用用户的声音和行为数据，但更倾向于用户行为数据。

（2）定性VS定量维度

狭义的定性研究是开放性问卷调查中的开放性题目，但在这里是这样定义的：定性研究是通过直接观察获得用户行为和态度的数据，而定量研究是通过测量或仪器间接地获得用户行为和态度的数据。例如，在现场研究和可用性研究中，研究人员可以直接观察用户是如何使用产品的，这样就给了研究人员提问题、探讨行为原因的机会，为了更好地达到研究目标，甚至可以直接调整研究内容。对于这些数据的分析，通常不是从数学角度来进行的。

相对而言，定量研究形成的观点通常来源于数据分析，因为数据收集的工具（例如：调查工具或Web服务器日志）捕获如此大量的数据，很容易进行数字化编码。

由于定性研究与定量研究的差异，定性研究方法适合用于回答为什么、如何解决问题，而定量研究方法适合用于回答多少或多少类型。有了这些定量研究的数据，可以帮助你进行资源优化，例如聚焦于影响力最大的问题。

（3）产品的使用场景

在用户研究方法选择中，第3个需要考虑的因素是：在用户研究中，用户有没有使用或如何使用产品。可以分为以下几类：

①自然状态或接近自然状态下的产品使用

②按事先准备好的测试脚本内容的产品使用

③在用户研究过程中没有产品使用

④以上多种情况混合下的产品使用

在研究自然状态下的产品使用时，为了了解尽量接近真实情况下的用户行为与状态，应在研究中最大程度地减少对用户的干扰。这样保证了研究最大化的有效性，而不受研究人员所掌握的信息的干扰。很多研究虽然总是会存在一些偏差，但都试图避免研究人员对研究用户的影响。

脚本化研究是为了聚集于产品的某些具体使用场景，例如新设计的产品流程。根据研究目标的不同，脚本化程度可以有很大的不同。例如，一个基准研究通常有一个非常严紧的脚本，而且有更定量的性质，所以可以进行可靠的可用性度量。

对于没有产品使用的研究，主要是为发现产品中比可用性方面更宽泛的问题，例如，品牌研究。

混合情景是为了满足研究目标，对产品使用创造了一种新的形式。例如，在参与式设计方法中，为了与用户一起讨论他们提出的解决方案以及他们为什么做出了这样的选择，可以让用户参与和重新布局设计元素。在概念测试方法中，为了了解用户对某个产品或服务的需求度，会采用一个低保真的产品或服务原型，让用户对这个产品或服务的核心功能有所了解。

（4）产品开发所处的阶段

在选择用户研究方法时，产品开发所处的阶段与对应的目标也是另一个需要考虑的重要维度。产品的开发阶段可以分为：策略阶段、执行阶段和评价阶段。

①策略阶段

在产品开发的初级阶段，需要考虑产品未来的机会点。根据研究目标不同，在这个阶段的用户研究方法会有很大不同。

②执行阶段

当在持续优化设计过程中，完成一个设计决策进入下一阶段时，还是会进入到下一个"行或不行"决策点。这个阶段的研究主要是形成性研究，发现设计方案存在的问题，有助于降低执行决策风险。

③评价阶段

到了某个时间点，产品或服务有了足够多的用户，这时就可以开始测量产品效果。这就是典型的总结性测试，并可能会与自己的历史数据或竞争产品进行对比。

表5-2列出了不同产品开发阶段的研究目标、典型的解决方案和研究方法。

表 5-2 产品不同开发阶段对应的研究方法

	开发阶段	方向	目标	研究方法
产品开发周期	策略阶段	定性和定量	启发、探索和选择新方向的机会	问卷调查、数据分析、树状测试
	执行阶段	定性	优化设计、降低风险和提高可用性	焦点小组、卡片分类、可用性研究
	评价阶段	定量	衡量产品表现，与自己历史与竞争对比	可用性测试、A/B测试、问卷调查

5.3 用户体验的五要素

用户体验的整个流程，都是为了确保用户在使用我们产品的过程中获得流畅、舒服的体验感受。所以，我们要考虑到用户有可能采取的每一个行动的每一种可能性，并去理解在这个过程的每一步用户的期望值。这听上去像是一个很庞大的工作，但我们可以把设计用户体验的工作分解成各个组成要素，以帮助我们更好地了解整个问题。接下来我们将从五个层面来了解用户体验的五要素（如图5-16所示）。

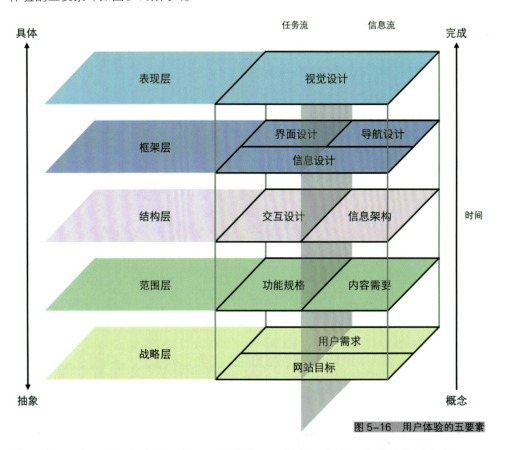

图 5-16 用户体验的五要素

①战略层：产品的目标方向，想要用户在产品上做什么事情，带来的收益是什么。

②范围层：产品整体的功能类别，围绕着战略层这个产品都该有哪些功能。

③结构层：根据战略目标以及功能，思考产品核心功能应该在哪里出现，这些功能和内容是如何组织在一起的，它们是如何运作的，以及大致的体验流程。

④框架层：页面中按钮、控件、图片和文本区域的处理和摆放，信息布局，整体页面交互流程。

⑤表现层：所看到的网页、App界面，由图片和文字组成，是页面最终给用户呈现的视觉效果。

从产品的整体产出到用户使用,是通过战略层、范围层、结构层、框架层及表现层一步一步实现的(如图5-17所示)。它们之间都有着紧密的关系,如果战略层错了,那整个产品都会失败,如果是功能与用户预期的不一样,不是用户想要的,相同的也会失败。所以从第一步开始就至关重要。

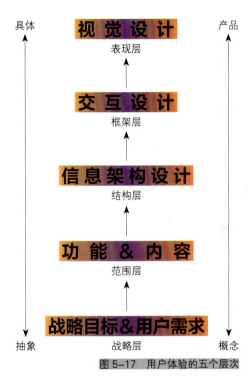

图 5-17　用户体验的五个层次

(1) 战略层

　　互联网产品、网站的根本是由网站战略层所决定的,它包含两方面:经营者想从网站(产品)得到什么;用户想从网站(产品)得到什么。在这个层面,并不会细节到网站功能、页面,那是产品模式要解决的问题。战略层要解决的就是用户模式,就是能够为用户提供什么价值。这个层面是网站的成功基石。

　　这个层面解决的是为什么要做的问题,在这个层面要问自己几个问题:产品是为什么用户设计的? 解决用户什么问题? 这类用户在这方面的需求强吗? 用户用了我这个产品和不用我这个产品有什么区别? 没有我这个产品之前用户是如何解决问题的? 产品目标及其目标用户(做什么、为谁而做?)经营者和用户分别想从网站得到什么。

(2) 范围层

　　这个层次通常要解决的问题是,这个功能一定要吗? 哪个功能优先级更好? 还有没有其他的实现方法能替代掉这个功能? 范围层的存在就是为了承接战略层,为了解决战略层为谁而做、做什么东西的问题,通过做功能来满足用户的具体需求。

　　通过对用户的需求进行分解,一步步地列出功能点。不过,这时候,你问一般的用户需要什么，他肯定跟你说的是一个一个的具体功能，可以这样、可以那样等等，但是哪些才是真正应该做的？这个问题需要在范围层确定清楚。范围层就是限定网站或产品应该有哪些产品，不应该有哪些产品。在这个层面，用户和设计者才可以进行比较顺畅的对话，在战略层，用户是说不清的，所以很多时候需要我们去作调研。范围层的内容，通常可以是一个功能需求列表：

①用户无需登录就可以直接购买产品；

②用户可以收藏自己喜欢的产品；

③支付的时候可以直接识别用户是否有优惠券；

④能够支持多渠道支付（支付宝、微信等）；

……

对于获取的这个功能需求列表，我们需要分出需求的优先级。有了这张功能列表，后边才好通过结构层把它们有机组织起来形成一个产品。当把用户需求和产品目标转变成产品应该提供给用户什么样的内容和功能时，战略层就变成了范围层。

定义项目范围通常包含两个方面，即产品功能和产品内容，功能与内容针对不同类型的产品呈现不同的状态。有的产品两者都重要，有的产品更重功能，有的产品更重内容。根据产品战略，它们的权重是不一样的。比如，QQ音乐、简书、腾讯新闻等更重内容，而腾讯地图、支付宝、美图等更重功能。

（3）结构层

有了战略级目标和产品的核心功能，这时候我们要在结构层里梳理出产品功能的信息框架，按照战略强相关的功能优先展示，确定哪个页面该展示哪些功能，以及展示的顺序和大体的流程。交互设计师把控信息架构的合理性，以及前后关系操作起来是否高效。

（4）框架层

在框架层就可以开始细化页面的信息框架了。交互设计师在设计交互流程图的时候会考虑很多的设计点，对于如何将功能信息有效地组织起来，信息之间的关系如何排布，在当前的场景下应该使用什么样的交互控件，功能样式是否统一，用户使用起来是否方便，前后之间的逻辑等问题，交互流程图（如图5-18所示）需要反复思考和验证。

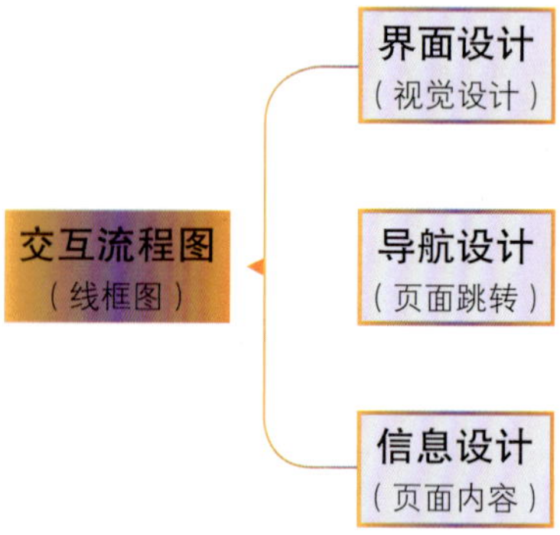

界面设计
（视觉设计）

交互流程图
（线框图）

导航设计
（页面跳转）

信息设计
（页面内容）

图5-18 交互流程图

（5）表现层

在表现层，UI设计师会根据产品的战略、功能以及内容，根据市场的调研分析，使用人群等来判断这块产品从视觉上要传达给用户什么样的设计感觉。在表现层，你看到的是一系列真实的网页，由图片和文字组成。一些图片是可以点击的，从而执行某种功能，例如把你带到购物车里去的购物车图标。一些图片就只是图片，比如一个促销产品的照片或网站自己的标志。它的设计风格也会根据产品的不同而有所不同，比如专业的、亲民接地气的、高大上的、二次元的等视觉表现形式。在设计当中利用颜色及空间划分视觉层级，通过不同平台思考设计表现形式，梳理控件样式，形成规范性及统一性。整体视觉样式尽量做减法，让用户轻松看到核心内容以及核心操作。

5.4 用户体验设计的四个原则

5.4.1 可理解性

好设计应该是易于用户消化的——大脑不应该花费巨量的脑细胞来费神分析眼睛看到的东西。如果设计易于用户理解，那么用户就会很快地进入你的产品使用中，而无需花费更多的时间和精力来"学习"你的产品。

可理解性并不仅仅是设计清晰易读的文案，我们希望用户能在正确的视觉引导下做出对的决定。通过字体大小/粗细、色彩和图标来组织信息，拉开层级，可以突出重要的信息/选项，让用户更快地找到想要的东西。

如常见的新用户的用户指南（如图5-19所示），通常它们是以覆盖在界面层之上的小提示而存在，分成多个不同的步骤，点击一个，进入下一条。但是反过来，你站在用户的角度来想想，你真的喜欢这东西么？一个个你也许并不想看到的指令在界面中意想不到的地方弹出来，你没有办法拒绝，只能一个一个地点击，才能进入你希望进入的主页面，这个设计模式其实会让用户感到不可理解（虽然，你的初衷是希望帮助用户更好地理解!）。想想看，你费尽心思让用户去获取的信息、去做的事情，换取的却是用户的不可理解。因为，毕竟每个人大脑获取信息的效率和数量是相当有限的。

图 5-19 新用户的用户指南页面

5.4.2 一致性

一致性是产品设计过程中的一个基础原则，它要求在一个（或一类）产品内部，在相同或相似的功能、场景上，应尽量使用表现、操作、感受等相一致的设计。一致性的目的是降低用户的学习成本，降低认知的门槛，降低误操作的概率。

想象这样一个场景，我从钱包里掏出一张华夏银行的储蓄卡，想取一些现金，但是我找来找去，发现附近只有招商银行，于是我将华夏银行卡插入招商银行的提款机，顺利地提取了现金。这样的场景很常见，但是这些司空见惯的场景背后，是诸多的"一致性"和"标准"组合的结果（如图5-20所示）。最简单的，银行卡的尺寸一定是高度一致，从而形成标准的，否则我的A银行卡不可能塞到B银行的提款机里面去；同样，银行卡磁条上携带的信息格式、读取磁条的设备等等，都要遵循相同的标准，才可能实现通信。

图 5-20　各银行卡的尺寸一致

在互联网产品的设计中，一致性也很重要。例如，目前手机上最流行的两种操作系统——Android和iOS，它们在UI层面都有各自的设计标准文档，这些文档规定了在相应的系统下标准的控件、布局、动效，甚至颜色的使用方式。它们的存在使得同一个操作系统中，完成相似功能的操作基本一致，（特别是）在智能手机问世的最初几年，一致性的应用较好地降低了用户的学习和使用门槛。

如现在已经广泛应用的"下拉刷新"功能，最初出现在一款叫作Tweetie的Twitter客户端上。这是一个很棒的创新。首先，刷新其实是一个使用频次不会很高，但是在某些场景下（例如微博类应用，从后台唤起，想获取最新信息的时候）可能高频使用的功能。这意味着如果在类似标题栏之类的地方放一个刷新按钮会比较冗余，如果不放又满足不了用户需求。其次，在一个列表的顶端进行下拉这个动作，除了在iOS的一些场景中可以划出搜索框外，还没有其他的定义，不会与用户的固有习惯相冲突，而下拉刷新与搜索框本身也并不冲突。所以当大家发现了这个功能后，逐一效仿，用户在用了类似功能后，在其他的应用中想实现刷新功能，也会下意识地下拉一下试试，俨然，这个操作已经在类似应用中形成了一定程度的一致性（如图5-21）。部分应用程序结合自己的产品特色，也在这个下拉刷新的部分设计得别出心裁，比如京东的下拉刷新是一个京东送货员手捧客户包裹快速奔跑的样子，这既体现了他们的产品特色，也拉进了用户和商家的距离；有一些应用还在

图 5-21　下拉刷新的不同方式

此基础上做了改进，将其变成了广告位。

另一方面，如果你真的有各方面都更优的方案，则应该抛弃一致性，勇敢地创新。但是请注意，在创新的时候，最好不要跟已有的各种一致性相冲突。

5.4.3 少即是多

不太有经验的产品经理和设计师比较容易犯的一个错误就是，将一大堆功能没有主次、不分先后地塞进一个容器里面。看起来功能强大、四通八达，但实际上信息组织混乱，功能之间逻辑不清晰，用户体验一般不会太好。学设计的朋友应该都听说过"少即是多"这句经典的设计理念。这个设计理念最初由建筑大师米斯提出，是一种提倡简单，反对过度装饰的设计理念。这个原则历史太悠久，在很多行业中衍生出了很多不同的解释。在互联网行业，类似"简约的设计风格""做减法""把不必要的内容收起来""7加减2原则"等等说法，都或多或少与这个原则有关。

在传统行业中有很多"少即是多"的成功案例。1984年，IBM在鼠标和轨迹球的基础上，精简结构，发明了TrackPoint（小红帽），在移动设备上有效地替代了鼠标的功能，并解决了轨迹球占用空间过大等缺点。现在TrackPoint已经成为了Thinkpad笔记本的标志，并且类似的设计被应用在很多其他品牌的笔记本电脑上。2007年，苹果精简了手机的按键，甚至砍掉了传统的实体键盘，推出了iPhone。

"少"最初的意思是反对"过度装饰"，并不是一味地追求所谓的"简单"。在互联网行业，"少"的本质应该是要努力降低用户的认知和操作成本。图5-22是某个应用软件在需要用户定位所在城市的时候给出的界面。

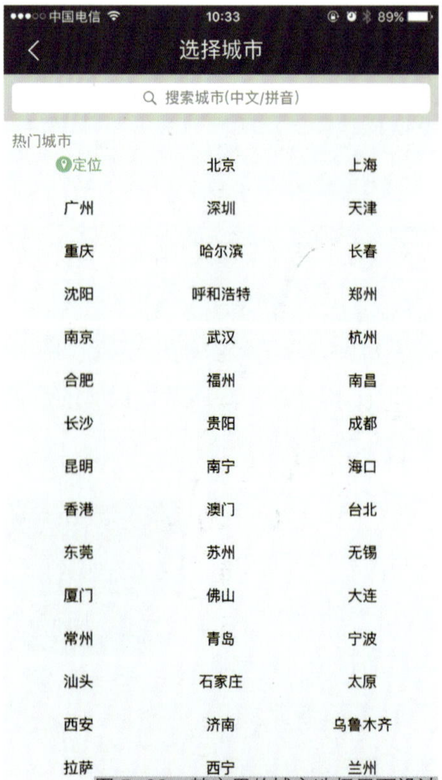

这个设计师把所有支持的城市列了个表，重点是它的列表所采取的逻辑顺序很难让不同的用户一眼就找到自己的城市。这样的设计就没有很好地理解"少"的真正含义。在这个案例中，如果要帮助用户更加高效地寻找到他需要的城市，我们要做的不是减法，是加法。比如针对这类需要大量信息展示的页面，最常用的方式就是按字母顺序进行排列（如图5-23所示）。

将所有城市按照其首字母A-Z的顺序排列，寻找起来会容易很多。如果同步提供快速定位功能（如图5-24所示）则会更加高效。

图 5-22 某应用的城市选择界面设计

图 5-23 按字母顺序排列

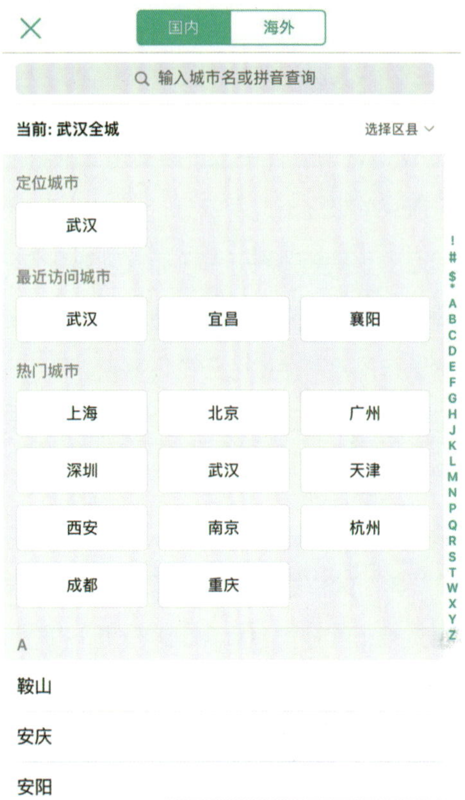

图 5-24 直接定位用户所在位置

5.4.4 愉悦性

　　一般来说，仅有好想法还是不够的，有良好的执行才能赢得竞争。设计团队执行得越多，用户需要做的就越少，复杂的问题被简化得越好，用户从解决方案中所获得的愉悦感就越强。

　　当你的产品足够好用，给用户带来足够的愉悦感的时候，用户不再将其视作一个"产品"，也不再意识到它是一个"工具"，而是将其当作生活中一个实用而不可或缺的组成部分，这也意味着这个产品是成功的。

　　说起"愉悦性"，我们通常会想到一些让人感到温暖、开心的东西，譬如毛绒玩具、纸杯蛋糕、拥抱等等。不过，具有愉悦性的事物在某些情况下同样会带来负面效应。某些笑话可能冒犯到他人，温馨的广告可能误导部分观众，即便是可爱的音效也会因为运用不当而使人抓狂。在UX领域，我们总会对那些体现着愉悦性的设计细节赞赏有加；而另一方面，对其负面效应的了解也将有助于我们更好、更全面地掌握这一设计原则，避开陷阱。一旦愉悦性这一原则运用不当，意在愉悦用户的界面元素反而可能破坏可用性，增加界面的认知负荷及交互成本。

　　如著名日料Morimoto的网站设计（如图5-25所示），简直是过度追求视效及愉悦性，置可用性而不顾的典范，穷极所能在每一个元素当中体现着"设计感"，最终结果便是信息难以获取，操作难以进行。

图 5-25　MORIMOTO 网站设计

从这个网站设计中我们可以看出很多的不足：导航菜单被分割成两部分，倾斜放置，难以阅读和点击；菜单项展开和关闭的动效飘忽而冗长；图形元素会随着鼠标的移动而游走，干扰视线；背景音乐自动播放，无论你喜欢与否。

视觉表现层面的愉悦性可以为产品赋予生命与性格，使品牌形象更加生动饱满。然而一旦处理不当，愉悦性反而会破坏产品最基本的可用性，阻碍用户获取信息、完成任务，甚至导致审美疲劳。

"惊喜"是构建愉悦体验的关键要素。新鲜的、不期而遇的美好事物总会让人感到开心。我还记得第一次启动自己的安卓手机，看到这些彩色图形精妙地变化成"Android"字样时的兴奋感，当时我觉得这是我见过的最酷的启动动画了（如图5-26所示）。

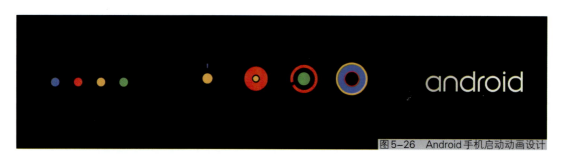

图 5-26　Android 手机启动动画设计

过了一段时间，新鲜感退去，每每再看到这个动画，我已经不会有任何兴奋和愉悦的感觉了，甚至会觉得多余，曾经的惊喜也沦为寻常和烦恼。通常情况下，愉悦感都会随着时间而渐渐淡化，你能想到的最为精彩出奇的细节表现也只会在最初的一段时间内给人以新鲜感，而维系的方式似乎只有在情感化的方向上一遍又一遍地重设计。愉悦感本身其实是有局限的，接下来我们来看看这些局限性。

（1）愉悦的定义是主观的

那些试图融入幽默元素的出错页面（如图5-27所示）设计，本质上相当于在很坏的状况下通过开玩笑来缓解尴尬。通常，在人们试图获取信息、保存数据或完成任务却遭遇意外状况而导致失败的时候，任何带有"搞笑"味道的反馈信息都会显得缺乏同情心，用户很可能感到被冒犯，甚至因此被激怒。

图5-27　出错页面的设计

（2）愉悦的感觉是因人而异的

在一部分人看来十分新鲜有趣的东西，对另一部分人可能会很糟（如图5-28所示）。普遍适用的愉悦标准几乎是不存在的，"情感化"是一个复杂地带，良好的设计初衷未必如愿带来正面的结果。

图5-28　404页面设计

（3）愉悦的扩展性是有限的

随着用户增长及群体扩大，愉悦性的问题会变得越发棘手。在小品牌、小产品当中尝试一些创意性的、愉悦性的设计路线，或许尚可，一旦用户群体的构成走向复杂化，试图取悦众人的设计目标就会越发难以实现。

到目前为止，我们已经对愉悦性的局限性有所了解，挑战和风险确实存在，但这并不意味着你需要彻底规避这个概念，关键在于识别一些适合承载愉悦体验的时间点：在那些用户不常见到的界面当中尝试愉悦性元素是最为安全的，例如

① app启动页面

② 帐号设置成功页面

③ 新功能游历

④ 用户初次完成某个重要操作之后的反馈页面

⑤ 空状态页面

这些状态通常只会被体验一次，情境都以正面情绪为主，无需担心反复无趣或是恼人一类的问题。所以我们时常在新手引导流程当中看到一些有意思的表现形式，例如改版后的Google Sites（如图5-29所示）。这类产品环境当中的多数页面都很简单直白，高度聚焦于任务，没有多余的元素干扰流程，只有在这些"一次性"的环节当中给人以惊喜，通过引发情感共鸣来促进信息的传递。

5-29 Google Sites 改版后的页面设计

愉悦性是一个很主观的概念，任何绝对化的规则都难以成立。理想化的目标是整理出一套详尽而实用的设计指南，关于何时使用愉悦性元素，何时避免，一目了然。但是这其实是一项很复杂的工作。毕竟，对于如此抽象和感性的概念，恐怕每个人心中都会有着不同的定义。

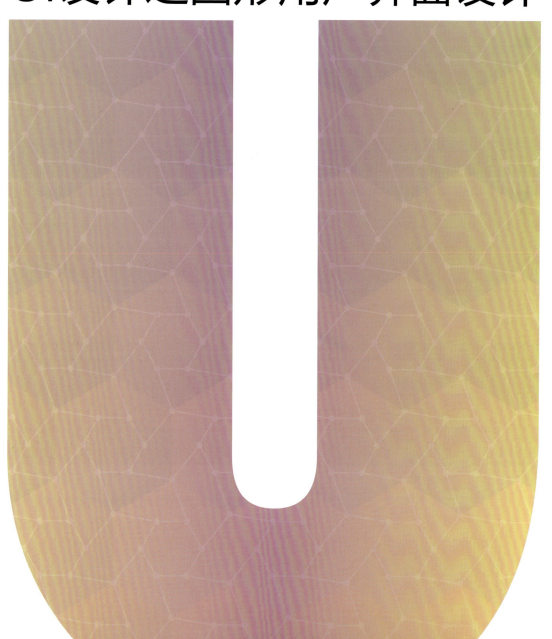

PART 6

第六章

UI设计之图形用户界面设计

在第二章的第四节中已经对UI设计的三个组成部分各自的作用以及在整个项目流程中所承担的职责都做了说明，其中关于图形用户界面的部分，我们将其设定为整个UI设计工作中的视觉设计，所以本章所论述的图形用户界面设计即从视觉设计的角度出发去论述，便于大家理解和掌握。

在一个界面设计中，它的视觉设计主要包括三个大的基本元素，分别是：1）图形元素；2）文字元素；3）色彩元素。大家试想，我们日常生活中所使用的任何一个界面（不论是基于PC，还是基于手机、Pad等任何平台），其中必不可少的就是上面所提到的三个元素。所以，本章将从这三个元素入手，来详细讲解UI设计的视觉设计部分。

U 6.1 图形元素

6.1.1 图形元素的所指

在我们日常所使用的任何一款手机应用的界面、电脑的界面、任何带有屏幕设备的显示界面，在其中都会有图形元素的出现。图形元素是界面设计中必不可少的一个基础元素。图6-1分别为电脑网页界面、手机应用界面和车载系统界面。图形作为信息传达的主要方式之一，它不仅在界面设计中，在任何一个设计领域，它的重要性都是不言而喻的。在一个界面设计中，图形和文字的作用归根到底都是用来向用户传达信息，但相较于文字而言，图形的可识别性要更高。一方面因为图形相较于文字的刻板而言，其具有形象化的形态，便于用户识别；另一方面，相较于文字而言，图形不会受到地域和语言学习基础的限制，是比较通用的信息识别方式。比如：不同的场所，甚至不同的地区和国家，在男女厕所标志的选择上，会更倾向于选择图形而不是文字的方式去表达，而这正是由于图形的高识别性所决定的。

电脑网页界面

手机应用界面

车载系统界面

图 6-1　电脑网页界面、手机应用界面和车载系统界面

那么，UI设计中的图形元素到底包含哪些呢？在此，对UI设计中的图形元素主要做如下分类。

6.1.1.1图标

广义上的图标是指具有指代意义的图形符号,具有高度浓缩并快捷传达信息、便于记忆的特性。应用范围很广,软硬件、网页、社交场所、公共场合无所不在。例如:男女厕所标志和各种交通标志等。而本文所主要论述的图标是指狭义图标,指具有明确指代含义的计算机图形,其中桌面图标是软件标识,界面中的图标是功能标识。所有的图标都源自于生活中的各种图形标识,是计算机应用图形化的重要组成部分。一个图标是一个小的图片或对象,代表一个文件、程序、网页或命令。图标有助于用户快速执行命令和打开程序文件,单击或双击图标可以执行一个命令。图标也用于在浏览器中快速展现内容,所有使用相同扩展名的文件具有相同的图标。

(1)图标的分类

以手持设备UI设计为例,图标一般包括两大类:启动图标和工具栏图标。

① 启动图标

启动图标顾名思义就是可以通过点击此图标,打开并进入应用程序(如图6-2所示)。可以把它比喻成一扇门或者一个名片,它是我们接触一款应用程序的第一印象和第一入口。所以,启动图标所肩负的责任是相当重要的,它需要用户通过图标的设计就可以大概了解这款应用是什么类型的,是用来做什么的,是否能满足我的需求……同时,因为启动图标的特殊性,它的陈列方式一般都是同时和很多其他相同或不同类别的图标放在一起,放置在手机的首页或是在手机的其他页面里。所以,启动图标的设计一定要具有明确而直观的指代,并且具有非常强的视觉冲击力,以便于用户可以很直接地通过图标"读取"他想获取的信息。

② 工具栏图标

工具栏图标包含进入应用程序后所有的图标样式,包括导航栏、工具栏、通知栏以及列表栏等上的各种图标(如图6-3所示)。每一个图标都代表一个直观而明确的含义,大部分由单色调来表现,特别是手机本身自带的系统设置等图标。而对于一般的手机应用,其程序内部的图标色调则以程序自身的界面设计风格而定,可以是单色的、彩色的、线性的或是写实的等等。

图6-2 启动图标

图6-3　工具栏图标

上文是以手持设备的UI设计为基础去论述图标的分类，但其实在PC端或是在其他带有屏幕显示的任何电子设备上，图标的概念和分类都是大同小异的，大家可以延伸着去理解图标的应用。

（2）图标设计的原则

正如上文所说，启动图标和工具栏图标各自的作用是有所区别的，而且在设计手法、图标展现以及基本尺寸规范上都有所区别，但是在图标设计的基本原则上则具有相似的部分，下面我们就来看看图标设计需要遵循的几个基本原则。

① 审美性

无论是启动图标还是工具栏图标，都可以简单地归纳为一种图形的表现，作为一般图像的设计，自然是要符合人们对其的基本审美要求。而且，图标无论是对于哪一个设计平台而言都是非常重要的一个界面显示部分，它设计得好坏很大程度上会影响到用户对于这款产品好坏的认知和评价。所以，图标的形态设计美观大方，色调选择符合其产品的属性是一个图标设计的基本原则。

② 识别性

图标设计的识别性主要体现在两个方面。

a.图标所对应的功能便于识别

图标是连接用户和产品的纽带和桥梁。以工具栏图标为例，界面上的任何一个工具栏图标是否能准确地向用户传达它预设的含义，直接影响用户能否准确而流畅地操作产品的任何一个界面并使用其每一个功能。很多时候，一个工具栏图标所代表的就是一个功能，比如我们常见的设置图标（如图6-4所示），一般都会选择齿轮或者起子加扳手作为表达其含义的图形元素。一方面，选择这两个图像是因为其直接将生活中对于设置这个含义的图形移植到图标设计中，用户会更容易理解；另一方面，熟悉的图形也会在用户的既定思维模式中形成一个固有的模式，即看到齿轮就联想到"设置"，反之，想找"设置"功能，就去找齿轮图形即可。

图6-4　设置图标

　　和工具栏图标形同，在设计启动图标的时候，功能的可识别性也同样重要。很多时候，我们完全可以通过观察一款应用的启动图标设计，马上知道它的基本功能是什么。它是一款音乐类软件、一款读书软件、一款游戏或是一个导航……，这些功能都可以从一个小小的启动图标里体现出来（如图6-5所示）。

　　b.图标具有较强的视觉冲击力，便于用户识别

　　每一个用户要开始使用一款应用都需要先到应用市场里去下载，而现在每一个类别的应用都有非常多的选择。以音乐应用为例（如图6-6所示），如果用户想到应用市场里去下载一个音乐播放器，进入市场会发现，搜索音乐所得到的结果是非常多的，那么如何让用户在这众多的音乐类产品中选择你的产品？这个时候，一个识别性非常高的启动图标就显得尤为重要。

图6-5　各类启动图标

图6-6　App Store里音乐类程序图标设计

　　所以，我们在设计图标的时候，所选择的图形语言，一定要符合用户的日常生活习惯和思维认知，尽可能地选择用户熟悉的图形去进行设计。另外，由于一般图标尺寸都比较小，所以，图标设计一定要尽可能地简单明了，便于用户在有限的范围内，可以直观清晰地分辨图标

所传达出来的含义，切记将图标设计得过于繁复，不易于辨识。

③ 一致性

图标设计的一致性主要体现在两个方面：a.图标视觉表达风格的一致性；b.图标含义所指的一致性。

a. 图标视觉表达风格的一致性

无论针对的是同一应用内的所有工具栏图标，还是针对不同平台上同一应用的启动图标，这两者都需要在图标设计的视觉表达风格上保持一致。

对同一款应用内所有的工具栏图标而言，无论是内部的导航栏图标、底部工具栏图标，还是列表中的显示图标等，都是服务于同一款应用程序的，而每一款应用程序也服务于一个特定的用户群体并实现特定的功能目标。所以，它们在设计风格上要使用同一种视觉表达方式，这样才能保持应用的统一性，也便于用户去识别和使用。

不同平台上同一应用启动图标的一致性，是指在保持各平台基本特性的基础上，同时要保持其品牌识别的一致性。目前针对手机平台而言，最具代表性的三大平台就是Android、iOS和Windows Phone，这三大平台在设计风格以及用户操作方式等方面都有所区别，也有很强的自身特色，而这些特色也是用户识别它们的根本。所以，当一款应用需要在多个平台上同时发布的时候，设计师就需要考虑让自己的应用能符合不同平台的设计特色，在既能保证其所在平台设计特点的基础上，又能保持自身应用的整体一致性和统一性。比如：在设计针对Android系统的应用及各类图标的时候，就要符合Android平台的material的设计风格及设计语言特点；iOS的设计风格也是较为简洁的扁平化的设计风格；Windows Phone平台下的设计则主要是以平面色块为主的视觉设计风格。那么在设计应用的时候，虽然需要符合各个平台的设计特点和设计规范，但毕竟是同一款应用，不能干扰用户对于产品的正确识别，所以也要在不同中去寻求一致，以确保产品的统一和规范。图6-7所示Skype应用在不同系统下的启动图标，所设计的平台对象从左向右依次为iOS、Android和Windows，能非常清晰地感受到三个系统的不同设计风格和设计特色，比如iOS平台的启动图标除了上文所提到的扁平化设计风格外，还有一个最大的特色，就是iOS平台下特有的倒圆角矩形的图标设计，这个是iOS平台下的图标设计规范。

图6-7　不同平台的 Skype 图标设计

b. 图标含义所指的一致性

一提到图标可能就会联想到标志或徽章设计，图标设计和标志设计有很大的区别，一个讲究直观和隐喻，一个是追求象征和抽象，但是它们的可识别性和符号化的特点，以及对设计师图形造型能力的高标准要求是相同的。无论是启动图标还是工具栏图标，它们都指向一个明确的含义，正如前文中提到的设置图标（如图6-4所示）一般都会以齿轮作为其图形表示方式。图标设计不同于一般的标志设计，它不同于标志设计的隐喻表达，图标设计要求绝对明确精准的含义指向。图标是一个符号，而不仅仅是一个图案，所以它一定要遵循符号化的原则，也就是利用概括的手法，直接表达你所需要表现的对象。简约、直观才是图标设计需要的结果，只有简约，才能使它们适应各种环境和大小；只有直观，才可以用它代替文字，准确表达含义所指。

6.1.1.2 标准控件

（1）标准控件的概念

标准控件由Visual Basic提供，用于按钮或框架控件。所谓的标准控件是基于不同操作平台而言的，大家比较熟悉的如Windows系统下的标准控件、iOS系统下的标准控件、Android系统下的标准控件等。当然，即使是同一系统下的标准控件，也会基于运行的平台有一定差别，正如针对Windows系统而言，它在PC端和手持设备端的标准控件，即使在大的设计风格和设计准则上是相同的，也会因为运行的平台不同，又各具自己的特色。

标准控件大部分都是由基本几何形体的形式构成或变形而来，所以本文把标准控件也归纳到图形元素的范畴里。如图6-8所示，它们所对应的分别是iOS系统、Android系统和Windows Phone系统下的文本输入框的标准控件，它们具有各自所属平台的标准控件设计标准和设计特点。

图6-8　不同系统下的标准控件

（2）标准控件的分类

在此仍以手持设备为例，对此平台上的标准控件做一个简单的分类。

① 文本的输入和输出

② 栏（导航栏、状态栏、菜单栏、标签栏、工具栏、操作栏、搜索栏等）

③ 按钮

④ 开关

⑤ 滑块和进度条

⑥ POP框

⑦ 选择

⑧ 列表和网格

其实标准控件元素如果进行细分的话也并不止以上八个类别，界面上基于各个操作系统自身特色的那些可以操作的或者是用来起到显示作用的控件，比如在日常操作中用于等待的符号显示活动指示器、各平台的播放器中的具有各个特色的播放按钮、搜索框显示、日历板等等，都是属于标准控件的范畴。

（3）标准控件的设计准则

不同的平台以及同一平台上的不同的操作系统，其标准控件的设计准则也都会发生相应的变化。移动端和桌面端的标准控件设计准则因为平台本身各方面的差异，也相应会有很大的差别。

① 操作终端的差别

这个差别是非常显而易见的，移动端的操作载体主要以手指的操作为主，而桌面端的操作载体则主要以鼠标点击操作为主。一个是手指的指腹部分，一个是鼠标的光标，正是由于这两者操作载体的不同，它们所对应的标准控件的设计准则和设计方法，以及最终所呈现的视觉效果也相应有很大的差别。比如，一个用来点击的按键的设计，在移动端这个按键的位置以及大小的设计都要考虑人手的长度和大小因素，所以，移动端的按键一般放在用手方便点击的右侧，而按键的大小也尽可能的便于手指指腹的点击；而桌面端的按键操作是由光标来点击完成的，它的大小只要是光标便于点击的大小和区域即可，而它的位置也不会太受惯用手的影响（以右手操作鼠标为主），所以按键的位置也没有像移动端那样主要以放置在界面右侧为主，它的选择空间更大，所受约束相对于移动端而言也较小（如图6-9所示）。

图 6-9　同一程序界面在不同操作终端的设计差别

当然，除了以上我们所熟知的两种操作终端之外，在我们的日常工作和生活中也还有另外一种比较常见的操作端，它的操作载体也是通过手来完成的，与上面所提到的移动端类似。

我们日常接触的银行自动提款机（如图6-10所示）就是这一类典型代表，它的操作方式使用按键操作和屏幕直接点选的操作。所以，这一类产品的标准控件设计基本和移动端的设计准则类似，重点是要从人的手指点击舒适度和准确度出发来进行相应的设计，在此不作赘述。

图6-10　ATM机的界面设计

② 操作系统的差别

以移动端为例，常用的操作系统为三个，分别是iOS、Android和Windows（如图6-11所示）。虽然都是服务于移动端的产品，但是由于这三大平台，无论在设计风格（主题、图标、文字等），还是设计准则及规范上都有明显的区别，所以相对应的各个平台上的标准控件自然也是服务及服从于各自所属的平台特征的。

图6-11　三大系统的界面风格不同

6.1.1.3 图像

（1）图像所指

本文中所论述的图像是一个比较宽泛的概念（游戏图像和视频图像以外），所指为任何界面中的颜色填充区域，包括界面中的大小背景色块、各类图片、各个Icon等，这里的图片包含程序界面所需的装饰图片、信息指向图片、程序logo等，以上都将归纳至图片的范围。

（2）图像的分类

① Icon

Icon也就是界面设计中的图标，以一定的设计风格呈现，在界面上相应的位置出现，或动态或静止，借此向用户传达一定的功能指向，帮助用户更好地解读和使用产品。在界面设计中，所有的Icon都必须具有准确明了的功能指向，但并不是所有的Icon都具备实际的操作功能，部分Icon只具备指代和指示作用，比如工具栏或操作栏内的图标就兼具指示和操作的功能，基础的点击前和点击后的显示状态是不同的。图6-12所示是iOS系统下默认邮箱的界面，其中界面左侧的一列图标，包括收件箱、废纸篓、VIP等，这些图标是只具备指示或指代作用的图标，而右下角的"新邮件"图标则是具备可操作性的操作图标。

② 各种背景

在界面设计中除了有大家都非常熟悉的程序界面的大背景之外，其实还有很多的色块充当背景的效果，比如用来划分不同类别或功能的背景色块、各种栏的背景色块等（如图6-13所示），这些都属于这里所说的背景。

图6-12　指示功能和操作功能Icon

图6-13　色块作为背景图片

③ 图片

图片指我们所熟悉的各种照片、设计绘制的图片等。新闻社交类软件中大量的内容都包含图片和文字，音乐播放类应用里也有大量的图片（如图6-14所示），比如歌手的专辑图片或者海报图片等。这里的设计图片，其中有一个比较特别的类别，就是包括部分程序在界面上所放置的程序logo，如图6-15所示的NBC NEWS的左上角就是它的logo图片。包含图片比较多的应用类型有网络购物类，图片分享类、下载类，新闻类，音乐播放器类等应用。

图 6-14　"QQ 音乐"和"腾讯新闻"界面设计中的图片　　图 6-15　"NBC NEWS"界面中的 logo 图片

6.1.2 图形元素在界面设计中的作用

通过上一小节中关于视觉设计中图形元素的介绍，可以看出，在任何一个平台或一个系统下的任何一个界面设计中，图形元素所占的比例是非常之大的。所以，正确了解界面设计中图形元素所起到的具体作用，才能更好地展开界面设计的相关工作。

（1）实际操作

这一类的图形元素其实所承担的就是按钮的作用，用户通过对它的点击，进而实现相应的操作目的。如程序应用的进入（启动图标）、操作行为的实现（工具栏图标、标准控件）。

（2）区域划分

这一作用主要是针对图像这个类别而言的，无论是图片还是色块，在界面中，设计师经常会利用这些图像来进行界面背景、布局设计及不同功能和信息的区分，以呈现出更加具有审美性、条理性和规范性的界面设计。

（3）信息传达

正如本节最开始所论述的，图形和文字都具备信息传递的功能，无论是功能指代信息，还是产品信息等。

U 6.2 文字元素

文字对于我们每一个人来说都是一个再熟悉不过的因素，它是人与人之间传递信息非常重要的途径和方法，在界面设计中更是必不可少的元素。所以，了解文字元素相关的知识和设计方法，对于从事UI设计工作是非常重要的。

6.2.1 文字的分类

文字一般就是用来传达信息的，没有所谓的明确分类，但是在UI设计中，根据文字在界面中所扮演角色的不同，也会有不同的作用。所以，从这样一个角度出发，本文将文字分为以下几个类别。

（1）文本信息显示

这一类文字就是以单纯的文字信息的方式存在，只具备用户通过阅读获取相应信息的作用，也是界面设计中出现最多的一个类别。此类文字一般都只具备阅读的功能，不过针对阅读类软件，其除具备阅读功能之外，还可以通过一定的操作方式来实现对它的标注、强调等。

事实上，几乎所有的软件类型中所出现的文字大部分都是用来供用户阅读，进而获取相应信息的，这一类文字在整个界面设计中所占的比例非常大，是文字在界面设计中所呈现的主要类别（如图6-16所示）。

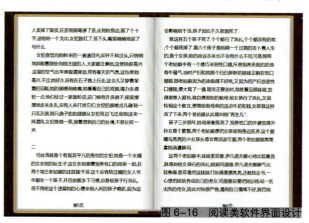

图 6-16 阅读类软件界面设计

（2）功能按键

大家对于界面设计中按键的认识，可能在脑海里的第一反应都是以图形的方式呈现出来的，或圆或方，或现在主流的线性图标，等等。但事实上，大家在日常的生活工作的接触中也应该发现，有一部分按键，它是以单纯的文本形式呈现的，这个在PC端，大家接触到的更多，很多网站的页面切换或功能页面的跳转都是通过文字按键的形式呈现出来的。当然，这也是由PC端所特有的操作方式（鼠标点击）决定的，以文字直接作为按键来进行设计，这样传达的信息直接明了，实现起来也会更简单便易。

不过，这类文字按键在移动端同样也有，只是由于受到操作方式的限制以及界面大小等的影响，相对于PC端而言，文字按键在移动端出现的频率可能稍微少于在PC端出现的频率。在移动端里，如新闻类软件一般用来切换不同类别的新闻按钮，通常都是用文字按键来实现的（如图6-17所示），在这样一个特定的使用环境下，文字按键显然比图形类按键更容易将信息准确快速地传达给用户。当然，很多播放器类应用、图书类应用、购物类应用等也都使用了诸多文字按键。

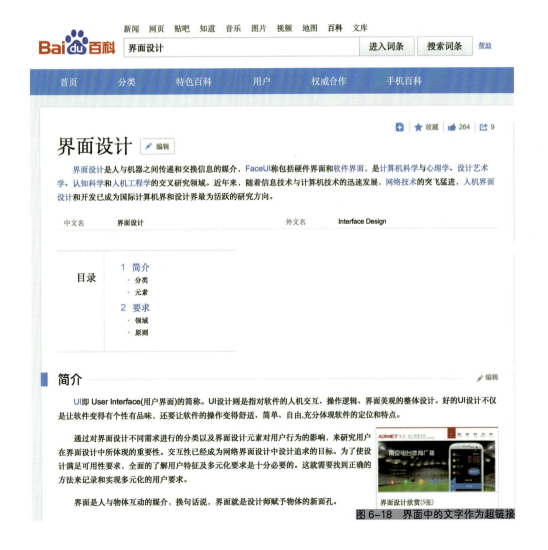

图6-17 新闻软件界面的页面切换以文字按钮来实现

（3）超链接

超级链接简单来讲，就是指按内容链接。它本质上属于一个界面的一部分，是一种允许我们同其他网页、站点或界面之间进行连接的元素。所谓的超链接是指从一个界面指向一个目标的连接关系，这个目标可以是另一个界面，也可以是相同界面上的不同位置，还可以是一个图片、一个电子邮件地址、一个文件，甚至是一个应用程序等。而在一个界面中用来超链接的对象，可以是一段文本或者是一个图片。当浏览者单击已经链接的文字或图片后，链接目标将显示在界面上，并且根据目标的类型来打开或运行。图6-18所示中蓝色文字的部分即为超链接，用户可以通过点击这些文字实现页面的跳转。

图6-18 界面中的文字作为超链接

超链接这种形式大家最开始接触比较多的是在PC端的网页中，我们可以通过点击页面中相应的文字和图片进行目标页面（功能）的切换。与PC端的功能和操作形式类似，在移动端也存在着超链接的形式，当然它的存在形式也是以文字和图片为主。

6.2.2 文字的四要素

了解了在UI设计中文字元素的基本分类，那么在完成一个界面设计的时候，文字到底应该如何进行设计？或者一般可以从哪些方面去对文字进行相应的设计处理工作？本文就从文字的四要素出发来谈谈，对于界面设计的文字元素该如何处理。

6.2.2.1字体

在任何平台的界面设计中，都少不了文字的呈现，而文字的字体又是决定文字形象的基本关键因素。所谓字体，指的是文字的样式。字体相对于文字而言，就像是外貌相对于人而言，它是给予用户最直观的心里印象的关键，它就像是一款应用留给用户的"第一印象"，不同的字体可以说都具有各自独特的个性。所以，任何的平台、网站或应用，如何选择适合自己特性的、正确的字体是非常重要的一部分。

以移动端为例。事实上，留心观察就不难发现，不同的系统会有不同的字体选择。或者说，每个系统都有一套专属于自己的字体设置，这同时也是区分不同平台，甚至不同应用的关键点之一。每个平台都有属于自己的专属规范字体，作为设计师在进行不同平台的程序开发设计时，要尽可能的去迎合它们各自的字体设计规范，只有这样，所设计出的应用才会比较规范，也更符合相应平台的风格特色。

（1）iOS系统下的规范字体

在iOS系统里，一般英文字体采用的是Helvetica系列字体，中文则采用的是冬青黑体或华文黑体（如图6-19所示）。

图 6-19　iOS 系统的中英文字体

Helvetica（源自拉丁文"瑞士的"一词）是一种被广泛使用的的西文字体，于1957年由瑞士字体设计师爱德华·霍夫曼（Eduard Hoffmann）和马克斯·米耶丁格（Max Miedinger）设计，是以"瑞士风格"（也称为"国际字体风格"）为理念设计出的字体，这一字体的特点就是线条简明清晰，又显示出一种纯粹的美。Helvetica字体一发布就受到了广泛的好评，有人评论它"不仅仅是一种字体，而且是一种生活方式。"Helvetica是苹果公司产品的默认字体，微软常用的Arial字体也来自于它。作为在平面设计和商业上非常普及和成功的一款字体，英国导演Gary Hustwit专门为它拍摄了一部纪录片《Helvetica》。由于Helvetica字体所特有的清晰明了的特点，所以即使在较远的距离也可以看得很清楚，而正是由于这个特点，Helvetica字体被广泛地运用在纽约、东京等国际性大城市的交通指示牌上。另外，它还被很多跨国企业用在它们的标志设计上，例如3M、爱克发、BASF、美国航空、American Apparel、BMW、Crate & Barrel、Epson、德国汉莎航空公司、Fendi、J. C. Penney、Jeep、川崎重工业、Knoll、英特尔、无印良品、雀巢、松下、Microsoft、三菱电机、摩托罗拉、丰田、Parmalat、SAAB（Helvetica 83粗体）、三星、Staples、Target、Texaco等数百家主要企业的标志都是使用Helvetica字体（如图6-20所示）。

图6-20　使用瑞士字体的企业 logo 设计

（2）Android平台下的规范字体

Android平台下的英文字体（如图6-21所示）采用的是Roboto系列字体，而中文字体则采用的是"文泉驿等宽微米黑"字体，部分细节采用的是"微软雅黑"字体。Roboto是随着Android 4.0操作系统引入的一种无衬线字体系列，该字体已获得Apache许可证。2012年1月12日，整个字体系列已由官方在 Android Design 网站上开放下载。Roboto字体是完全在谷歌内部由界面

图 6-21　Android 中英文字体图片

设计师（也是字体设计师）Christian Robertson设计完成的。Christian曾是Ubuntu titling font 字体的设计者。这种圆润清晰的无衬线字体所包含的美学引领了Android 4.0的干净、几何的设计哲学。

（3）Windows Phone平台下的规范字体

Windows Phone平台下的英文字体采用的是Segoe UI系列字体，而中文字体采用的是等线字体（如图6-22所示）。Segoe UI是一款西文无衬线字体，是一款不等宽字体。据微软称，新的Segoe UI字体利用了ClearType显示技术的优势，比目前的系统字体更加现代化。

图 6-22　Windows Phone 中英文字体图片

6.2.2.2 字色

字色，顾名思义就是字体所呈现在界面中的颜色属性。

我们所生活的世界是一个充满色彩的世界，界面中除去各种图形图像具有五彩斑斓的色彩之外，文字自然也不例外。文字在界面中所呈现的形式已经脱离了黑色阅读式的颜色模式。现在各个领域的设计中，也都不可避免地需要处理文字色彩的部分。设计师都会根据自己的设计需要选择符合自己产品特点和属性的颜色赋予文字，以呈现出更加适于表达富于美感、视觉体验以及阅读体验的视觉设计效果。

正如前面所提到的，文字因素是整个界面设计中非常重要的一部分，即使在游戏类或视频播放类这些主要以图形图像或音频视频文件为主的应用软件中，文字也起着至关重要的作用。文字是用户快速、准确地获取相关信息的主要途径。所以，界面设计中文字色彩的选择也就决定了相应信息传达的准确度。

文字对于阅读类应用软件的重要性就更加不言而喻了。阅读类软件中出现了大篇幅的文字，那么选择一个正确的字色，让用户即使在长时间阅读的情况下，在一定程度上减缓眼部疲劳就显得尤为重要了。所以，正确的字色选择也可以在很大程度上提升产品的用户体验。

当然，在一般的非阅读类应用软件里，也会出现一定的文字，甚至会以文字群的形式出现，那么这个时候，文字在一定程度上其实是偏于图形的方式存在的，此时无论这个文字群是黑灰色还是有其他颜色，都可以看成是一个色块或是图形，所以，基本的审美性自然是不能少的。

在任何一个界面或网页中，文字色彩的选择都要满足以下几个要点。

（1）易读性

这里的易读性包含两个方面的含义。

一方面指文字颜色的选择要和背景颜色形成良好的对比协调，使最终所呈现的视觉效果让用户可以一眼就能识别文字的准确形象。举一个比较极端的例子，同样的一段文字，一个是黑底白字，另一个是白底黄字，大家应该都能马上知道，到底哪一个模式会更方便于用户识别文字信息。

另一方面是指文字颜色的正确选择所呈现出来的视觉效果可以给用户带来良好的用户体验，这一点在阅读类应用软件中的重要性会更加突出。当然，为了给用户带来良好的阅读体验，单凭字色的正确选择显然不够，字号、字体、行间距都起着至关重要的作用，这部分我们后面会作详细的论述。

（2）审美性

这一点自然是在满足易读性的需求之上，设计师在设计任何一个界面或是网页的时候，基本的审美需求是必不可少的。这个部分涉及到色彩的正确选择和搭配，选择什么样的色彩，在满足可看可用的基础上，要考虑它与背景色彩的视觉协调，能够产生一定的美感，同时也要考虑应用程序或是网站等是否与它们本身的产品特点或特色相吻合，此部分也非常重要。

（3）统一性

统一性这个部分可以从两个角度去理解，一方面字体颜色的选择要和这个界面或网页大的设计色彩基调保持一个协调的视觉统一；另一方面则是指字体颜色的选择要和产品本身的特色，甚至和产品背后的企业理念保持统一，这样才能够使最终呈现在用户面前的产品是统一的。

6.2.2.3 字号

字号就是指针对文字大小的设置。当下，无论是针对PC端的网页设计还是针对移动端的应用App设计，都是以极简的扁平化设计风格为主。所谓"扁平化设计"的核心意义，是指去除冗余、厚重和繁杂的装饰效果，具体表现则是去掉了多余的透视、纹理、渐变以及能做出3D效果的元素，这样可以让"信息"本身重新作为核心被凸显出来，同时在设计元素上，则强调了抽象、极简和符号化。面对扁平化的设计风格的盛行，在界面上要体现一定的细节和变化。从文字的角度来说，字体大小变化可以在一定程度上为扁平化的设计风格增添一定的设计感，所以在进行网页或界面设计的时候，针对不同的设计需求，选择好合适的字体大小是能够提升作品设计感的。

（1）各平台的字体规范大小

以移动端产品为例，三大系统其实关于字号大小也是有一定的规范的。iOS平台下的应用中，字号大小一般采用12点、14点、16点和20点；Android平台下的应用中，字号大小一般选择的是12点、14点、18点、22点；Windows Phone平台下的应用中，字号大小一般选择的是10点、11.5点、16点、36点。其实，通过这些设置的不同，也可以明显看出不同平台属于自己的设计特色，比如Windows Phone平台的字号明显略大于其他两个平台的字号，这本身就是这个平台独特的设计风格所决定的。以上所罗列的数值可以作为设计师设置文字大小的参考，并不作为一个唯一且一成不变的标准，因为字号的大小除了会受到系统本身的限制之外，也会受到其搭载的设备载体的限制，现在的桌面和移动设备的屏幕分辨率显示都越来越精细，所以字号大小也会随之发生变化。具体该如何去设定自己界面上的字号，接下来我们会简单为大家总结一些字号设计值的规律，可以作为相关部分设计工作的参考。

（2）字号的设置规律

不同平台的字号大小是有所区别的，这当然和各自的平台特色有极大的关系。事实上，即使是同一平台下的不同应用，甚至是同一平台下同一应用的不同界面和同一界面中的不同位置，关于字号的设置都是需要严格去设计的，不能理所当然地去随意选择，在此跟大家分享一些关于字号设置的规律。

① 字号并不是越大越好

很多的初学者或者刚刚开始设计工作的人会觉得，既然是处理文字的部分，我的首要工作是一定要保证用户看得清楚。所以，一般都会选择又粗又大的字体。简单来说，就是很多做设计的人都存在一个共同的担忧："朋友们（用户），我好怕你看不清楚这些字。"其实，根本不要太过偏执地去钻这个牛角尖，综合考量你的画面尺幅和分辨率，再结合你的版面布局和比例，选择一个合适的大小即可，字号并不是越大越好，能看得清楚即可。画面中除去一些标题之外，大面积大而粗的文字设计会给人一种比较简陋粗糙的笨重感。相反，恰如其分的小字反而更容易引起用户的阅读欲望，也容易让你平衡画面的美感。

② 对比会让你的设计更有层次

在设计工作中，也一定会有一些文字是确实需要给予较大的字号设置的，比如标题文本或者需要强调的文本，针对这种不得不要放大字号的文字，我们可以考虑将它和一些相对较小的文字进行搭配，形成视觉上的对比，这样会让我们的画面中有变化、有层次感，也更加的丰富充实。

③ 信息要有主次

但凡有文字的地方就一定有信息的主次关系存在，比如标题和正文、一级标题和二级标题、主要文字和说明性文字等。如果选择相同大小的字号呈现，那么这些主次关系会消失或者模糊不清，从而给用户一种条例不明晰甚至混乱的视觉感受。所以，在设计中一定要强调这种主次关系，而通过改变字号的大小来完成这种要求，不失为一种很好的选择。

6.2.2.4 字距和行距

很多时候，我们在处理多行文本信息的时候，字距和行距都是一个系统默认的数值，如果不特别去要求的话，一般不会去作过多的调整。但事实上，想让界面中的文本信息更加的易读、美观，把握好文本的字距和行距是一个非常重要的细节。那么如何很好地把握字距和行距呢？在这里跟大家分享六个字："小字距，大行距"。当然这两个部分是一个相对的关系，而不是一个绝对的关系，不是字间距越小越好，也不是行间距越大越好，不能拆开来解读，一定要连接起来解读。这里的"小"是针对后面的"大"而言，是一个相对的关系。也就是在一定的字间距下，行间距的设定可以考虑比字间距稍大些。其中的原因也是从我们的阅读习惯出发，通过这种设计思路，可以让用户在阅读的时候得到一个更加流畅、准确、舒适的阅读体验。字间距较小，是为了方便用户阅读更加的流畅，行间距较大则是满足用户在转行阅读的时候不至于串行。较大的行间距也会在画面中产生一种适当的空间和留白效果，不仅会让阅读体验更舒适，也会给画面产生一个较好的视觉审美感。

6.2.3 文字设计基本原则

（1）坚持使用一两个字族

所谓"字族"，是字体组织的基本单元，是其重要的组成部分。一个字族是指一组专门设计的、一起协调使用的字体。最典型的字族是由四种字体组成的，而它的名称通常取自于字族中的"常规"份量的正文字体。正文字体和粗体、斜体以及粗斜体四种字体构成一个完整的组合。例如：Times New Roman、Bodoni 或Helvetica。需要说明的是，一些字族少于四种字体（如Century Old Style就没有粗斜体），但是通常有很多的字族包括四个基本字体以外的字体。流行的字体常常会包含许多组成部分，在无衬线字体中尤其是这样。因为它们比衬线字体更易于以不同的分量和宽度进行再设计。

很多人可能会觉得既然每个平台有自己的规范字体，为什么还要去使用其他的字体？原则上来说，各自的平台基于保持自己的平台属性和降低阅读难度，在设计的时候需要尽可能地使用平台的规范字体，但在必要的时候，还是可以选择平台外的字体来进行设计，特别是针对PC端而言，在字体的选择灵活度上相较于移动端而言可能会更大一些。此时，在展开设计的时候，字体的选择就比较灵活，但并不意味着选择越多的字体就越好，反而有节制地去做合适的选择，呈现一个比较统一简洁的界面会更容易产生好的视觉效果，也会让你的整个设计具有更强的凝聚力。很多的字族中，不同的字族本身就能够创造出足够的视觉对比度，而不需要依靠选择不同的字体来实现。

所以，我们在展开任何一个设计项目的时候，设计师关于字体方面的设计工作重点是挑选一款或两款适合自己产品特性的字体，然后根据设计的需要来进行相互搭配就可以了。这样的字体搭配可以让你的设计版面无论是在视觉审美还是在视觉层次上都更加容易控制。

（2）使用一致的对齐方式

在界面（网页）设计中，元素的对齐是一项非常重要的工作，它的结果将直接决定你整个界面最终所呈现的视觉效果是否良好。而对于界面中非常重要的元素之一，文字就更加需要考虑这个方面的问题，无论是文字与文字之间，还是文字与图片之间，对齐这个设置都是至关重要的。

我们都知道，所谓的对齐方式无外乎左对齐、右对齐、上对齐、下对齐、垂直居中对齐、水平居中对齐、垂直水平居中对齐这七种方式。那么在一个设计项目中该如何去进行选择和分配呢？其实非常的简单，根据你的界面（网页）设计需求，选择最适合自己的那种对齐方式，重点是：尽量在整个设计中保持统一的对齐方式。当然我们前面也提到过，所谓的对齐并不是单单指文本与文本的对齐方式要保持统一，文本与其他各元素的对齐方式也要尽可能地保持统一。一旦你的设计中贯穿了这种原则，那么它最终所呈现的设计效果也自然是一致统一的，会给用户一种非常舒适的使用感受。

在此需要补充一点，虽然一般的对齐方式有七种，但从人的基本阅读习惯出发，这七种对齐方式中，左对齐和居中对齐这两种对齐方式是最佳的选择，因为这两种对齐方式所呈现出的视觉效果会让整个设计的可读性更强（无论是文本还是图片），而针对设计中会出现大面积文本的设计项目，如阅读类应用（网站）、新闻类应用（网站）这类会出现篇幅较长的文本时，左对齐是首选，因为人的阅读习惯大都是从左向右的阅读模式。

（3）建立层次

这里所说的层次主要是针对设计项目中的文本而言的。以网页设计为例，任何一个类型的网页设计中，文字信息都是一个不可或缺的重要部分。那么针对文本信息而言，也一定会存在基本的主要信息和次要信息的层级关系，或者存在标题文本和正文文本的差异关系等。简单归纳来说，网页设计中的文本信息一定是存在层次关系的，那么设计师在展开设计工作的时候就不能忽视这个部分的工作，一定要将设计中的层次关系拉出来，才能使文字信息的可读性更高。针对文本而言，拉开它们在设计中的层次感，自然是从文字的基本要素出发，比如通过字色、字体、字号等的改变来加强文本信息的层次感，明确地告诉用户，哪一部分是主要信息，哪一部分是次要信息。这样用户在使用我们的设计产品时就可以快速地捕捉到想要的信息，可以给用户更加快捷和准确的用户体验。

（4）运用空间和留白

留白这个词语相信对每一个学设计和作设计的人都不陌生，中国古代的书法绘画更是把留白运用到了极致，同时也产生了很多优秀的作品。那么，文字部分的空间和留白是什么意思，又该如何去运用呢？前面我们也提到过，当下的设计趋势是尽可能的简单，这种设计风格本身就是对空间和留白运用的一个体现。如果你想让你的设计成为真正简单直观的设计，那么处理好画面中的空间和留白就成为一个必不可少的部分。

首先，所谓的空间其实指的就是留给每个元素恰当的空间，有了空间的衬托，才能让用户快速地关注到它们。所以在任何一个设计中，切忌不留空间或者空间杂乱无章，这样的设计结果就是用户永远找不到自己想要的那个目标，进而选择放弃产品。所以，我们在作设计的时候，一定要设计出一个有视觉焦点（重点）的布局。

其次，关于文字部分的留白，其实重点就落在文字的字间距和行间距上，严格地说还包含段落和段落之间的间距（针对大篇幅文本类）。在日常生活中应该都遇到过这样一个情况，产品的使用说明书、药品的使用说明书等，大家一般所持有的态度就是能不去读就不去读，除非没办法（药品说明书），才会硬着头皮去研究。为什么？因为这类文本都存在一个同样的问题：文字小、行间距小、版面撑满。阅读起来相当费眼睛。这其实就是一个典型的在空间和留白上做得比较失败的设计。适当的留白会让用户更愿意去阅读这段文本信息，也会给用户带来更舒适的阅读体验，而这里的适当地留白可以从把握合适的字间距和行间距出发。

6.3 色彩元素

6.3.1 色彩的基础知识

6.3.1.1色彩的概念

色彩是光从物体反射到人的眼睛所引起的一种视觉心理感受。色彩按字面上理解可分为色和彩，所谓色是指人对进入眼睛的光并传至大脑时所产生的感觉；彩则指多色的意思，是人对光变化的理解。

人类在工作和生活的环境中可以识别分辨的颜色是无穷无尽的，但事实上无论我们可以识别的颜色有多少种，它实际上都是由3个基本颜色的光混合所产生的，我们称之为"光谱三原色"。色彩中不能再分解的基本色称为原色，原色可以合成其他的颜色，而其他颜色却不能还原出本来的色彩。我们通常说的三原色（如图6-23所示），即红、绿、蓝，三原色可以混合出所有的颜色，同时相加为白色。

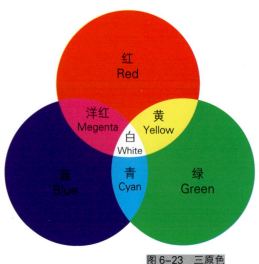

图 6-23　三原色

三原色光模式（RGB color model），又称RGB颜色模型或红绿蓝颜色模型，是一种加色模型，将红（Red）、绿（Green）、蓝（Blue）三原色的色光以不同的比例相加，以产生多种多样的色光。三原色中每两组相加而产生的色彩称为间色或者二次色，如红加黄为橙色，黄加蓝为绿色，蓝加红为紫色，橙、绿、紫称为间色。由原色和间色混合的颜色叫复色或者三次色，如蓝绿、蓝紫、红橙等（如图6-24所示）。

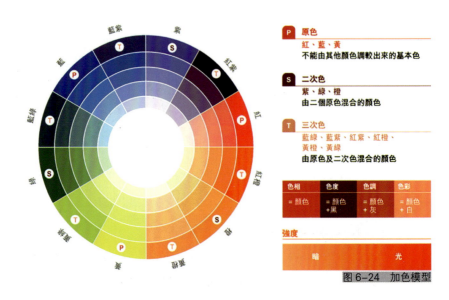

图 6-24　加色模型

6.3.1.2色彩的种类

丰富多样的颜色可以分成两大类：无彩色系和有彩色系。

（1）无彩色系——黑白灰

无彩色系是指白色、黑色和由白色黑色调合形成的各种深浅不同的灰色。无彩色按照一定的变化规律，可以排成一个系列，由白色渐变到浅灰、中灰、深灰到黑色，色度学上称此为黑白系列。黑白系列中由白到黑的变化，可以用一条垂直轴表示，一端为白，一端为黑，中间有各种过渡的灰色。纯白是理想的完全反射的物体，纯黑是理想的完全吸收的物体。可是在现实生活中并不存在纯白与纯黑的物体，颜料中采用的锌白和铅白只能接近纯白，煤黑只能接近纯黑。无彩色系的颜色只有一种基本性质——明度。它们不具备色相和纯度的性质，也就是说它们的色相与纯度在理论上都等于零。色彩的明度可用黑白度来表示，愈接近白色，明度愈高；愈接近黑色，明度愈低。黑与白作为颜料，可以调节物体色的反射率，使物体色提高明度或降低明度。

（2）有彩色系

彩色（如图6-25所示）是指红、橙、黄、绿、青、蓝、紫等颜色，不同明度和纯度的红橙黄绿青蓝紫色调都属于有彩色系。有彩色是由光的波长和振幅决定的，波长决定色相，振幅决定色调。

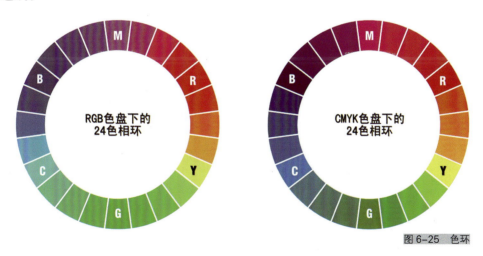

图 6-25 色环

6.3.1.3色彩的特性

色彩特性这一部分的内容主要是针对有彩色系。有彩色系的颜色具有三个基本特性：色相、纯度（也称饱和度）、明度，在色彩学上也称为色彩的三大要素或色彩的三属性。

（1）色相

色相是有彩色的最大特征。所谓色相是指能够比较确切地表示某种颜色色别的名称。如玫瑰红、桔黄、柠檬黄、钴蓝、群青、翠绿……从光学物理上讲，各种色相是由射入人眼的光线的光谱成分决定的。对于单色光来说，色相的面貌完全取决于该光线的波长；对于混合色光来说，则取决于各种波长光线的相对量。物体的颜色是由光源的光谱成分和物体表面反射（或透射）的特性决定的（如图6-26所示）。

（2）纯度

色彩的纯度是指色彩的纯净程度，它表示颜色中所含有色成分的比例。含有色彩成分的比例愈大，则色彩的纯度愈高，含有色成分的比例愈小，则色彩的纯度愈低。可见光谱的各种单色光是最纯的颜色，为极限纯度。当一种颜色掺入黑、白或其他彩色时，纯度就产生了变化。当掺入的色达到很大的比例时，在眼睛

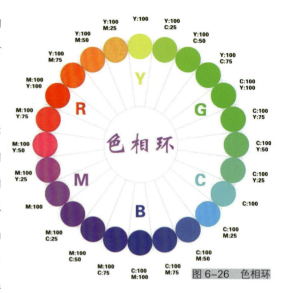

图 6-26 色相环

看来，原来的颜色将失去本来的光彩，而变成掺和的颜色了。当然这并不等于说在这种被掺和的颜色里已经不存在原来的色素，而是由于大量地掺入其他彩色使得原来的色素被同化，人的眼睛已经无法感觉出来了。

有色物体色彩的纯度与物体的表面结构有关。如果物体表面粗糙，其漫反射作用将使色彩的纯度降低；物体表面光滑，那么，全反射作用将使色彩比较鲜艳。

（3）明度

明度是指色彩的明亮程度。由于各种有色物体的反射光量的区别而产生颜色的明暗强弱。色彩的明度有两种情况：一是同一色相不同明度。如同一颜色在强光照射下显得明亮，弱光照射下显得较灰暗模糊；同一颜色加黑或加白以后也能产生各种不同的明暗层次。二是各种颜色的不同明度。每一种纯色都有与其相应的明度。黄色明度最高，蓝紫色明度最低，红、绿色为中间明度。色彩的明度变化往往会影响到纯度，如红色加入黑色以后明度降低了，同时纯度也降低了；如果红色加白色则明度提高了，纯度却降低了。

有彩色的色相、纯度和明度三特征是不可分割的，应用时必须同时考虑这三个因素。

6.3.1.4色彩心理

任何的色彩都会无形中带给人不同的心理感受，就像我们在冬天看到红色的物品会觉得温暖，看到蓝色的物品会觉得冷，这些都是色彩所给予我们的心理感受。如一个房间里所有的墙壁都漆成大红色，人在这样的色彩空间里呆久了会明显感觉内心焦躁。

（1）色彩的冷、暖感

色彩本身并无冷暖的温度差别，是视觉色彩引起人们对冷暖感觉的心理联想。

暖色：人们见到红、红橙、橙、黄橙、红紫等色后，马上联想到太阳、火焰、热血等物像，产生温暖、热烈、危险等感觉。

冷色：见到蓝、蓝紫、蓝绿等色后，则很易联想到太空、冰雪、海洋等物像，产生寒冷、理智、平静等感觉。

色彩的冷暖感觉，不仅表现在固定的色相上，而且在比较中还会显示其相对的倾向性。如同样表现天空的霞光，画早霞用玫红那种清新而偏冷的色彩，感觉很恰当，而描绘晚霞则需要暖感强的大红了。但如与橙色对比，前面两色又都加强了寒感倾向。人们往往用不同的词汇表述色彩的冷暖感觉，暖色——阳光、不透明的、刺激的、稠密的、深的、近的、重的、男性的、强性的、干的、感情的、方角的、直线型、扩大、稳定、热烈、活泼、开放等。冷色——阴影、透明的、镇静的、稀薄的、淡的、远的、轻的、女性的、微弱的、湿的、理智的、圆滑、曲线型、缩小、流动、冷静、文雅、保守等。

中性色：绿色和紫色是中性色。黄绿、蓝、蓝绿等色，使人联想到草、树等植物，产生青春、生命、和平等感觉。紫、蓝紫等色使人联想到花卉、水晶等稀贵物品，故易产生高贵、神秘感等感觉。至于黄色，一般被认为是暖色，因为它使人联想起阳光、光明等，但也有人视它为中性色。当然，同属黄色相，柠檬黄显然偏冷，而中黄则感觉偏暖。

（2）色彩的轻、重感

这主要与色彩的明度有关。明度高的色彩使人联想到蓝天、白云、彩霞及许多花卉还有棉花、羊毛等，产生轻柔、飘浮、上升、敏捷、灵活等感觉。明度低的色彩易使人联想到钢铁、大理石等物品，产生沉重、稳定、降落等感觉。

（3）色彩的软、硬感

这种感觉主要也来自色彩的明度，但与纯度亦有一定的关系。明度越高感觉越软，明度越低则感觉越硬，但白色反而软感略改。明度高、纯底低的色彩有软感，中纯度的色彩也呈柔感，因为它们易使人联想起骆驼、狐狸、猫、狗等好多动物的皮毛，还有毛呢、绒织物等。高纯度和低纯度的色彩都呈硬感，如它们明度低则硬感更明显。色相与色彩的软、硬感几乎无关。

（4）色彩的前、后感

各种不同波长的色彩在人眼视网膜上的成像有前后，红、橙等光波长的色在后面成像，感觉比较迫近；蓝、紫等光波短的色则在外侧成像，在同样距离内感觉就比较后退。实际上这是视错觉的一种现象，一般暖色、纯色、高明度色、强烈对比色、大面积色、集中色等有前进感觉；相反，冷色、浊色、低明度色、弱对比色、小面积色、分散色等有后退感觉。

（5）色彩的大、小感

由于色彩有前后的感觉，因而暖色、高明度色等有扩大、膨胀感；冷色、低明度色等有显小、收缩感。

（6）色彩的华丽、质朴感

色彩的三要素对华丽及质朴感都有影响，其中纯度关系最大。明度高、纯度高的色彩，丰富、强对比的色彩感觉华丽、辉煌；明度低、纯度低的色彩，单纯、弱对比的色彩感觉质朴、古雅。但无论何种色彩，如果带上光泽，都能获得华丽的效果。

（7）色彩的活泼、庄重感

暖色、高纯度色、丰富多彩色、强对比色感觉跳跃、活泼有朝气；冷色、低纯度色、低明度色感觉庄重、严肃。

（8）色彩的兴奋、沉静感

影响最明显的是色相，红、橙、黄等鲜艳而明亮的色彩给人以兴奋感；蓝、蓝绿、蓝紫等色使人感到沉着、平静；绿和紫为中性色，没有这种感觉。纯度的关系也很大，高纯度色有兴奋感，低纯度色有沉静感。

6.3.2 色彩在界面设计中的作用

任何一个设计领域里的设计作品都离不开色彩的运用，或者说任何一个领域里的任何一项设计工作都少不了色彩设计这项工作，设计师在开展这个部分的工作时，一定要清楚地认识色彩设计工作的本质到底是什么，而不是一味地凭着感觉随意地添加，也不是盲目地去选择所谓正确的颜色，更不是在一个设计中无限度地使用颜色的堆叠。设计师在处理色彩设计的部分时一定要严格把握"度"，将其控制在一个合理、合适的范围内，让其更好地服务于设计才是正确的方式。想要在设计中更好地使用色彩表达设计，了解色彩在界面设计中的作用就非常重要。

（1）定基色

我们日常生活中所使用的产品，都会有一个色彩倾向，比如电子类产品一般会选择蓝色、黑色或灰色作为主要的色彩；母婴类产品则会选择粉色、橘色作为首选色彩；运动健身类产品则一般以绿色、桔色为主……这里所举到的例子中的颜色其实就是一个产品的基色，也就是能够通过一个颜色或一个颜色倾向来表达产品属性的主要色彩基调，我们把它称为产品的基色。任何一款产品选择什么样的色彩作为自己的基色是至关重要的，它直接决定了用户对你的第一视觉感受是否正确，这一部分的设计原理其实就是前文中所提到的色彩给人类所带来的心理感受。人们在日积月累的生活中，会对生活中的不同事物产生一种固有的心理设定，而作为设计师在进行色彩设计的时候，一定要尽量地去迎合用户的这种固有的心理设定，才会让产品给用户一种熟悉、亲切和舒适的感觉。如图6-27所示，这是一个风湿病信息共享平台，所以它的主题色采以白色为主，辅以蓝色和绿色作为点缀和强调色的方式来表现，这也是因为与医疗信息相关的产品可以为用户带来健康的心理感受，所以选择绿色和蓝色作为点缀色。故此，在展开任何一项设计工作之前，选择正确的产品基色是非常重要的，而这也是色彩设计在界面设计中的一个非常基础同时也是非常重要的作用。

图 6-27　有色彩倾向的软件界面

（2）突出重要信息

这个部分是利用了色彩的基本视觉对比原理来完成强调和加重的作用。为了能突出界面设计中的重要元素，获得重要信息，可以在色彩的搭配上选择两个视觉冲击比较大的颜色，借由视觉的冲击来产生信息主次的自然呈现（如图6-28所示）。我们都知道在色环中，能够产生较大的视觉冲击的颜色组，就是互补色和对比色这两组双色调的颜色组合。

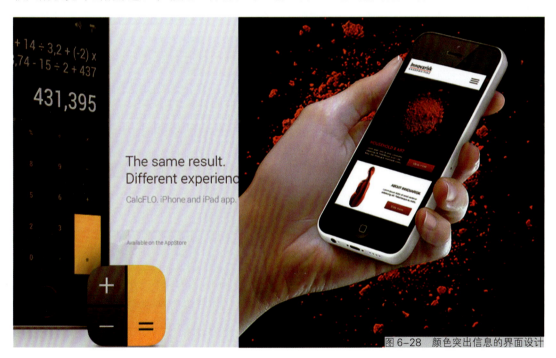

图 6-28　颜色突出信息的界面设计

① 在光学中两种色光以适当的比例混合而能产生白光时，则这两种颜色就称为"互为补色"。色彩中的互补色有红色与绿色互补、蓝色与橙色互补、紫色与黄色互补。简单地说，互补色就是色环上两极相对的一组颜色，它们位于色环上180度的两端，这一组颜色的两两对比所产生的视觉冲击力是最强的，是一组比较极端化的对比效果。由于补色有强烈的分离性，故在设计中，在适当的位置恰当地运用补色，不仅能加强色彩的对比，拉开距离感，而且能表现

出特殊的视觉对比与平衡效果。图6-29所示的界面设计就是采用了对比色——红色和绿色，设计师通过分别调整这个两个颜色的纯度和饱和度的方式，让原本较难处理的两个颜色很好地融合在了一起，达到了很好的视觉平衡，整个画面的色彩感受也非常的舒服。

②"对比色"是人的视觉感官所产生的一种生理现象，是视网膜对色彩的平衡作用，也是指在色环上相距120度到180度之间的两种颜色。角度越接近180度，所产生的对比效果就越强烈，如红与青、蓝与黄、绿与紫。对比色包括色相对比、明度对比、饱和度对比、冷暖对比、补色对比、色彩和消色对比等，是构成明显色彩效果的重要手段（如图6-30所示）。

图 6-29　互补色运用

图 6-30　对比色界面设计运用

除了以上所提到的两个双色调的搭配会产生较为强烈的视觉冲击力外，任何色彩和黑、白、灰，深色和浅色、冷色和暖色、亮色和暗色都是对比色关系，在界面设计中也被大量使用。

（3）信息的分类

当一个界面中需要呈现两个或两个以上的信息类别时，为了避免用户获取信息的混乱，设计师需要借助一定的设计方式对相同的信息类别进行分类显示，而通过色彩的不同选择进行信息分类则是一个常用的信息分类方式。当然，选择这种分类方式切忌在一个界面中出现过多的颜色，这样反而会造成视觉杂乱的效果，所以需要对所选择的颜色进行正确的搭配，使其在完成信息分类工作的同时，也能给界面带来较好的视觉审美性（如图6-31所示）。

6.3.3 色彩的搭配方法

我们所生活的世界颜色五彩斑斓，可以供设计师选择的颜色更是数不胜数，但这并不代表设计

图 6-31　使用颜色进行信息分类

师可以随意选择和使用颜色，特别是当一个界面中出现多种颜色的时候，色彩的正确搭配就显得尤为重要。接下来介绍几种色彩搭配的方法，可以作为参考。

（1）单色彩的使用

所谓单色彩的使用，顾名思义就是整个界面设计中只选择一个颜色来进行设计（如图6-32所示），它的方法就是根据界面设计的需要，适当地调整这一个颜色的明度或饱和度来产生画面的变化和层次，以及界面设计中信息的主次关系，这种色彩搭配方法特别适合初学者。由于在整个界面设计中只采用了一种颜色，所以它所呈现的视觉效果就会更加的统一协调，也更加的纯粹，比较适合一些功能单一、设计表达倾向简单纯粹的产品。

图6-32　单色彩使用

（2）双色调搭配

很多的界面设计本身可能由于设计风格的需要或者产品多功能表达的需要等，用单色彩的搭配方式无法实现，或者设计者本身希望界面中能够呈现一个较为丰富的视觉效果，单色彩的搭配无法满足。这个时候，我们就可以在保持设计基本色调的基础上使用双色调搭配的方式，来让整个界面色彩丰富起来（如图6-33所示）。双色调的搭配方法如下。

图6-33　双色调搭配使用的网站设计

① 邻近色和相似色搭配

这一组双色调的颜色搭配会让整个画面中的颜色显示较为丰富的同时，又保持一种比较和谐和舒适的视觉感受。

邻近色，顾名思义是色环上两两相邻的颜色，因为它们靠得非常近，所以色彩差异比较细微；而相似色则是指色环上小于90度的两个颜色组，它们的颜色差异会比邻近色稍大，但又比对比色和互补色小。邻近色和相似色与上文所提到的对比色和互补色不同，它们是指色环上临近或相似的颜色，这两组色调搭配所产生的颜色对比没有那么强烈，同时可以产生一种比较柔和的视觉效果。这一组颜色搭配既可以让界面色彩不至于过于单调，又可以产生一个比较协调统一的视觉效果，让整个界面更加的统一和谐（如图6-34所示）。

图6-34　邻近色和相似色搭配的界面设计

② 对比色和互补色搭配

前文已经明确表述过对比色和互补色的概念，这两组颜色的搭配会给整个界面设计产生一种较强的视觉冲击力，可以有效地突出设计中想要突出表达的信息，提高用户获取目标信息的效率；同时这种搭配所产生的强烈的视觉冲击力也可以打造出一款具有较强个性特色的界面设计作品。

（3）多色彩搭配

部分界面设计的色彩设计部分需要的色彩可能是比较丰富的，当双色调的搭配也无法满足其对设计丰富性的需求时，画面中可能需要三种、五种甚至更多颜色的时候，我们又该如何去处理呢？学设计的人大概都知道一个简单的色彩搭配定律，那就是在一个设计作品中（无论是哪个设计专业领域），颜色的选择尽量不要超过三种，否则会大大提高对设计师颜色搭配能力的要求，如果处理得不好，会让整个设计作品杂乱、没有重点。在这里也跟大家分享一个处理多色彩搭配的小技巧：充分利用无彩色系（黑、白、灰）颜色来和多色彩进行搭配，以获得一种较好的视觉平衡。与有彩色系颜色之间的相互搭配不同，有彩色系和无彩色系颜色的搭配基本没有所谓的搭配问题，而且还会产生比较好的视觉效果，这种搭配方式也是近几年设计领域比较常用到的颜色搭配方式。一般这种搭配主要以黑、白、灰作底的方式来完成，其中尤以不同灰度的灰色和有彩色颜色搭配的频率最高（如图6-35所示）。

这种搭配技巧之所以能够产生一个较好的视觉效果，其实还是它们之间所形成的对比关系所产生的结果。这里的对比关系主要包含两种：一种是面积大小的对比；一种是色彩明度和色彩心理的对比。前一种对比关系，是利用大面积的黑白灰作为主体色调，使其作为背景，这样无论前景色有多少种，它们都会统一在大基色的基础上，这样统一性还是会保持在设计中；另一种对比则是从颜色明度出发的对比关系，比如前景色选择的是颜色饱和度比较高，同时明度也比较亮的颜色组，后背景选择黑色或深灰色，就可以很好地和前景色进行视觉的平衡。而色彩心理的平衡则是从色彩心理倾向角度出发，一般用户对靓丽且饱和度比较高的颜色会产生比较轻盈欢快的心理感受，这个时候，如果只是这些明亮的颜色出现在界面中的话，会让整个界面产生一种飘浮在空中的无重量感，比较轻，无法沉下来。这个时候如果在背景中辅以无彩色颜色中的任何一个，都会将整个画面沉静下来，让整个界面充满活泼欢快感的同时又不失稳重。

图 6-35　多色彩搭配的界面设计

6.4　视觉设计的基本原则

前面的几个小节已经详细地论述了界面设计中视觉设计的几个主要元素，并分别论述了各元素的概念所指和各自的基本特点、作用及使用原则。但是，任何一个界面设计中的这些元素都不可能是以一个独立的个体存在的，它们之间是需要相互协调、相互影响、相互作用的。在任何一个界面设计中，这些元素都将会同时出现，形成一个完整的整体，进而形成一个又一个的界面。接下来我们就将论述，在视觉设计工作中，如何正确地处理这些元素，让它们们可以相辅相成，共同服务于一个界面设计。

6.4.1　审美性原则

审美性原则是所有设计领域中设计工作的基本原则，既然是由人为设计的作品，它就必须是符合人的基本审美要求的，如果一个设计作品连这一点都达不到的话，它将不能称之为一个设计作品。

在界面设计中要符合审美性原则可以从两个方面着手。

（1）各元素自身审美性的满足

如果希望界面设计这个整体是具备审美性的，那么界面中各个视觉元素本身就需要先具备审美性。各图形元素本身无论比例尺寸还是自身形态都要经过仔细地设计，让其既符合产品的设计需求，又符合一定的审美性；文字元素的设计则需要从文字的四要素出发，逐一选择正确的、合适的文字设置来满足文字审美性的需求；色彩的部分则同时囊括以上两种元素，需要在设定界面基本基调的同时，选择正确的、合适的色彩赋予各元素。

（2）不同元素之间的相互协调以达到审美性的满足

如果只是从界面中各元素的角度出发去进行设计的话，就会缺乏统一性和整体协调性，所以，元素之间的相互协调才是重中之重。图形与背景在尺寸比例和色彩上的协调，图形与图形之间的协调，文字与文字、文字与图形在比例、色彩、位置之间的协调关系，等等，只有将界面中所有元素的相互关系处理好了，符合基本审美标准了，才算最终符合视觉设计的审美性原则。

6.4.2　易识别性原则

这一原则主要是从界面设计中的信息主次关系出发而提出的，任何一个界面中的元素所传达的信息一定会有一个主次关系，这种主次关系会让产品信息更明确，用户使用效率更快更高，这就是所谓的易识别性原则。这里的主次关系也包含两种情况。

（1）各元素自身之间的主次关系

以最典型的文字元素为例，一个界面设计的所有文字元素中，一定会有主要文字信息和次要文字信息、标题和正文等等之间的区别，而这就是元素自身之间的主次关系，其他元素同理。关于如何通过相应的设计手法拉开这种主次关系，在前文中已作论述，在此就不赘述。

（2）元素与元素之间的主次关系

例如在图片下载类软件的设计中，很显然图片是主要元素，文字和色彩则是次要元素；阅读类软件的设计中，很显然文字是主要元素，图片和色彩是次要元素，以此类推。图6-36是一款壁纸下载类软件界面的设计，无论是查找页面、浏览页面，还是单张图片的详细页面，会发现都是以图片显示为主要元素，而文字则退为其次，这本身就是符合其产品本质的特点。

图 6-36　图片下载类软件界面设计

6.4.3 统一性原则

界面设计的三个主要元素虽然各自都非常的重要，是任何一个界面设计都不可或缺的设计元素，但毕竟最终需要统一在一个界面中，服务于同一个平台下同一个产品，所以这三个元素在设计的时候一定要保持各方面的统一性。这三个元素需要在设计风格、产品自身特色、界面主次关系等方面入手，保持产品最终的统一性。如针对运动型产品，那么界面中的图形元素的设计风格（造型、色彩等）要和文字的设计风格（字体、字号等）保持统一的运动型设计风格。iOS平台上的"Nike＋RunClub"（如图6-37所示）就是一款专门追踪记录个人运动数据，并根据你的目标和进度灵活调整的个性化运动指导计划软件。这款软件的主要配色是以深灰色和荧光绿搭配，给人一种积极向上、青春活力的感觉。而里面的图标和图片也很符合运动型产品的特点。

图 6-37　运动型软件设计

6.4.4 合理性原则

　　这一点主要是从产品的用户体验出发，任何一个界面的设计都是服务于人的，那么这个界面设计就要充分考虑人的各方面使用需求，不论是生理的还是心理的需求，都要尽可能的让用户在使用这个设计的时候获得良好的用户体验。

（1）操作方式的合理性

　　我们在使用任何一款产品时，无论是给予鼠标操作的PC端产品，还是给予手指操作的移动端产品，都需要去点击界面中相应的按键或区域，如何能够保证用户方便准确地进行相应的操作，这些能够实现用户操作目的的载体本身的设计就显得尤为重要，比如按键的大小、选择区域的位置和大小、按钮在界面中的位置，甚至用户完成一个操作后，产品给予用户的及时、准确、清晰的反馈等，都将直接决定用户操作的准确性。

　　另外，合理及时的操作反馈也是提高操作效率和操作体验的一个很重要的部分。所谓的操作反馈，是指用户在某一平台上执行某一个操作行为以后，平台需要及时地给予一个反馈，以告知用户他的操作是否完成或是否正确。这里所提到的反馈方式有很多种，包括颜色的改变、外观形态的改变、声音的提示、震动提示等等。我们日常使用手机的时候，点击按键会有一个声音提示或是一个震动反馈，这些都是很好的操作反馈设计；在PC端，当我们点击一个按键的时候，按键的颜色会发生变化，页面会跳转，或是点击的时候会有声音回馈，这些也都是很好的操作反馈设计。

① 尺寸规范的合理性

当然这种合理性也不是单个元素的孤立，它也会受到其他元素和平台差别的影响而有所调整和变化。比如同样一个按钮的设计，针对PC端所设计的按钮，它的尺寸相对于针对移动端的按钮而言肯定是不同的。并且即使都是针对移动端的产品，不同的系统、不同的产品本身也都会对一个小小的按钮提出不同的需求。所以，了解所属平台的基本属性、规格尺寸、像素尺寸，对我们展开合理的界面设计是非常重要的。不同的平台、不同的设备、不同的操作系统都有属于自己各自的设计规范，图6-38所示是iOS平台对于部分图标的尺寸制作规范。

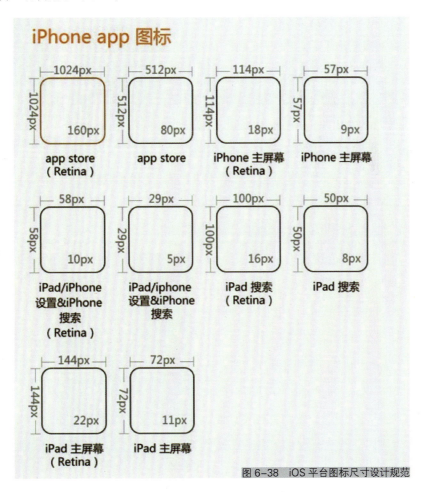

图 6-38 iOS 平台图标尺寸设计规范

② 操作方式的合理性

　　这个部分主要是从用户的操作习惯出发，来决定界面元素的合理设计。人类在长期的生活中，呈现出了一些普遍的行为模式（特点）。以移动端产品界面设计为例，大部分人会以右手作为惯用手，所以我们在做界面设计的时候，会把一些经常使用的按键或产品重要的操作功能按键放在界面的右侧。因为人的手掌尺寸是有限的，而手机的屏幕尺寸会存在大小的差别，当人们单手操作大屏幕设备的时候，有些操作区域是无法点击到的，所以，很多重要的按键在放在右侧的同时，会选择屏幕中间靠下的区域放置。反之，把一些不常使用的按键或是一些操作后会产生某些错误的按钮（如删除按键）放置在界面的左侧，甚至左上角。著名产品设计师Scott Hurff 继续根据屏幕温度划分出了"拇指操作区域"（如图6-39所示），图中是以iPhone 6和iPhone 6 Plus这两款机型来分析的（以单手操作手机为基础分析），但其基本原理是适用于大部分移动设备的。正如图中所示，绿色的区域是大

拇指最自然也最易操作的区域；橘色的区域是相较于绿色区域较难点击的区域，它需要我们的拇指以伸展的方式去操作；而红色区域则是很难点击到或是无法点击到的区域。屏幕的右下角，用户用拇指点击的话，需要向内弯曲自己的拇指，这样一方面会失去右手对手机的把持平衡，另一方面拇指的弯曲也不是人的自然舒适状态。屏幕的左上角，是拇指的长度无法接触到的区域，所以这两个区域标记为红色，是不方便点

图 6-39　移动设备单手操作热区图

击甚至无法点击的区域。根据这个拇指操作区域图可以很清晰地去安排我们的界面元素，以便为用户带来更好的交互和使用体验。

（2）页面布局的合理性（色块的划分、按键的布局）

　　这也是从界面信息的主次关系出发来论述的。准确分析界面上所有信息的主次关系，利用设计的手法对这种主次关系进行划分，让用户获取信息的效率更高，准确度也更高。

　　另外，人的阅读习惯一般都是从左向右，从上向下，所以在界面设计的时候，信息的排布也需要迎合人的这种阅读习惯，把重要的阅读信息（可以是文字也可以是图片）放在左侧，或者界面靠上的位置，而把操作性的按键部分放置在右

图 6-40　阅读左操作右界面设计

侧或界面靠中下的位置（如图6-40所示），因为这可以更方便用户用拇指去点击操作（正如上文所述）。

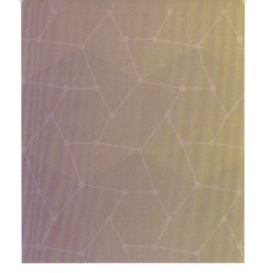
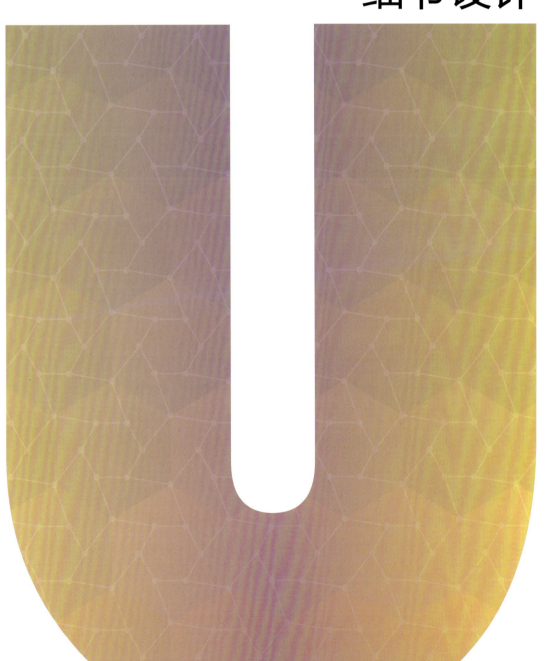

PART 7 第七章

细节设计

在当下这个资讯非常发达，信息资源可以共享的时代背景下，设计上的各种借鉴是不可避免的，优胜劣汰的进化规律决定了很多设计的趋同性。所以，如何让自己的设计脱颖而出，就体现在我们每一个设计里的细节部分，它可以让你的设计和竞争品牌之间表现出差异性，同时细节设计也是用户对品牌认知的基础。所以，细节设计是UI设计一个很重要的部分，需要我们投入更多的时间和精力。

做好信息产品的细节设计并不是一件容易的事情，因为它需要兼顾实用和创新，也就是说它既要满足用户的基本需求，有效地解决用户的问题，同时还要具备与众不同的设计创新点。正如前文所述，每个产品都会有不同的用户、不同的使用情景、不用的需求等，任何一个因素的改变都会导致设计上的不同，所以单单解决实用问题就需要做大量的工作，在这个基础上还要做到创新，也就是能把用户问题以一种巧妙的方式解决出来，那就需要投入更多了。

本章将信息产品设计中比较有代表性的三个细节设计提取出来进行讲解，旨在帮助大家了解如何做好细节设计工作，大家可以举一反三，将这些方法运用到设计的其他细节部分，以此来提高自己产品的个性点。

U 7.1　动效

随着技术和硬件设备性能的提升，动效已经不再是视觉设计中的奢侈品。动效不仅仅是华丽的动态效果，它首先帮助设计师和用户解决了许多界面功能上的问题，让用户更容易理解产品，也让设计师更好地表达自己的设计作品。动效本身还让整个界面更加活泼，充满生命力，更加自然地让用户和界面之间有了情感上的联系。

7.1.1　动效在 UI 设计中的作用

（1）系统状态

每个APP 为了保证正常的运行，后台总会有许多进程在进行着，比如从服务器下载数据、初始化状态、加载组件等等。做这些事情的时候，系统总是需要一定的时间来进行，但是用户看着静止的界面并不会明白这些，所以需要借助动效让用户明白，后台还在运行并在处理数据。通过动效，从视觉上告知用户这些信息，让用户有掌控感，是很有必要的。常见的系统状态动效表现有如下几种。

①加载指示器

对于许多数字产品而言，加载是不可避免的。虽然动效并不能解决加载的问题，但是它会让等待不再无聊。当我们无法让加载时间更短的时候，我们应该让等待更加有趣。充满创意的加载指示器能够降低用户对于时间的感知。动效会影响用户对于产品的看法，它会让界面比实际上看起来更好。如果一个APP在用户等待的时候，给他们看更有趣的东西，他们自然会忽略等待本身。

②下拉刷新

下拉刷新现在是一个普遍应用于信息类产品的小动效，当触发这个动效之后，移动端设备会更新相应的内容。下拉刷新动效应该和整个设计的风格保持一致，如果APP是极简风，那么动效也应当如此。

③通知

由于动效会自然地引起用户的注意，所以使用动画的方式来呈现通知是很自然的设计，它不会给用户带来太多颠覆性的使用体验。

（2）导航和过渡

动效最基本的功用是呈现过渡状态。当页面布局发生改变的时候，动效的存在会帮助用户理解这种状态的改变，呈现过渡的过程。一个经典的案例就是汉堡图标呈现隐藏菜单的过渡动效。动效能够有效地吸引用户的注意力，让用户在愉悦的氛围中获取信息。

能够强化导航的动效并不只有一种，它还可以体现导航内容之间的过渡。设计师使用动效平滑地让用户在不同的内容之间过渡、切换，而动效也解释了UI的变化是怎么发生的，过渡动效是UI不同状态的中介环节。

①视觉层次和元素的连接

动效可以完美地解释界面元素之间的关系，并且阐明它们是如何完美进行交互的。

②功能变化

在许多案例当中，设计师会强行设计一个可点击的按钮，在特定情况下，按钮功能会发生改变。在移动端设计中，由于屏幕空间的限制，我们常常会看到这样的按钮。

③"播放"和"暂停"是最常见的多状态切换实例（如图7-1所示）

这类动效展示了用户在交互的时候，元素是如何发生转变的。在下面的案例当中，用户点击按钮，加号变为铅笔图标。这表明展开后的交互列表中，铅笔所代表的是首要操作，这样的小细节呈现出了可预期的下一步交互。

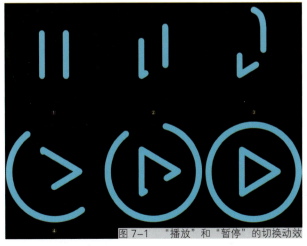

图7-1 "播放"和"暂停"的切换动效

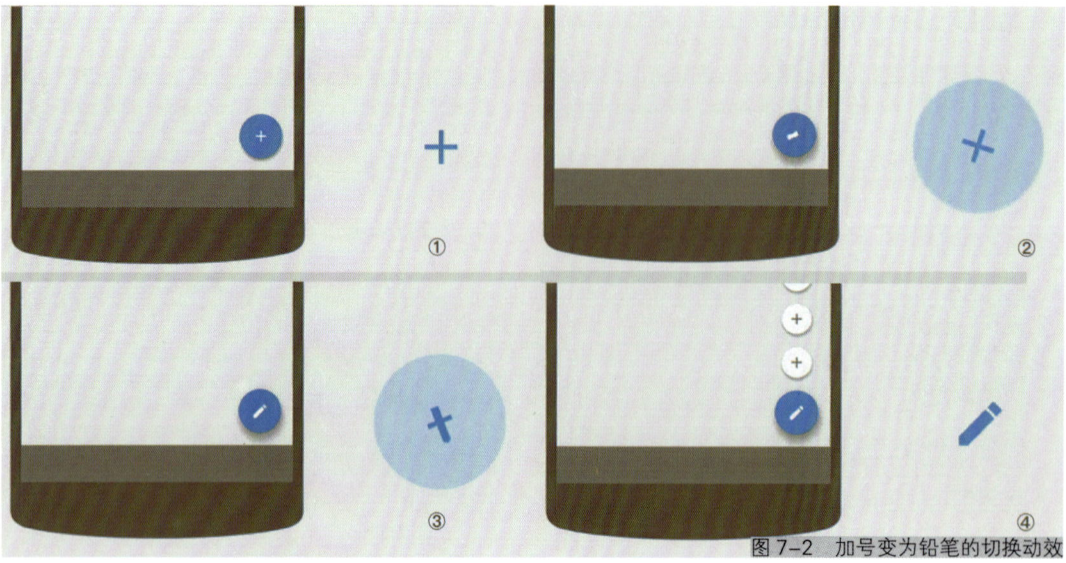

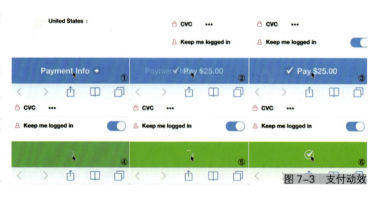

图7-2 加号变为铅笔的切换动效

（3）视觉反馈

视觉反馈对于任何UI界面都是非常重要的。视觉反馈让用户觉得一切都尽在掌握中并可以预期，而这种掌握意味着用户能够明白和理解目前的内容和状态。在现实生活中，人们和任何物体的交互都是伴随着回应。同样，人们期待从APP元素中得到一个类似的效果。APP程序的视觉、听觉及触觉反馈，使用户感到他们在操控APP。同时视觉反馈有个更简单的用途：它暗示着您的APP运行正常。当一个按钮在放大或者一个滑动图像在朝着正确方向移动时，那么很明显，这个APP在运行着，在回应着用户的操作。

①确认

用户界面元素，诸如按钮和控件，看起来是可点击的，即使它们实际上是在屏幕背后。在我们的现实生活中，按钮和各种控件都会对我们的交互产生响应。人们期望在界面中获得类似的反馈。为了解决这个问题，设计师引入了视觉化的动效来提醒用户，让这些虚拟的按钮看起来能像真实的那样有反馈。

②视觉化地呈现操作后的结果

动效可以强化每一个交互的结果并且提升用户交互。在下面的Stripe的案例（如图7-3所示）当中，当用户点击"支付"的时候，会有一个短暂的过渡动效，这个动效让用户更加欣赏这个过程，也让支付显得更加便捷轻松。

图7-3 支付动效

140

7.1.2 动效的优势

（1）展示产品功能

动效设计可以展示产品的功能、界面、交互操作等细节，让用户更直观地了解一款产品的核心特征、用途、使用方法等细节。

（2）有利于品牌建设

一些品牌新的理念用静态的图像是很难向用户表达清楚的，这个时候如果可以用动态的形态表现，既能表达企业的品牌新理念、新特色，也会因为一些动效细节，让用户更容易理解和接受所传达的内容，一个比较恰当的例子就是最近刚更新的优酷Logo（如图7-4所示）。

图7-4 优酷新 logo 的动效设计

（3）利于展示交互原型

很多时候设计不能光靠语言去解释你的想法，静态的设计图设计出来后也不见得能让观者一目了然。因为很多时候交互形式和一些动效真的很难用语言来形容，所以才会有高保真Demo，这样就节约了很多沟通成本。

（4）增加亲和力和趣味性

有时候加个动效，能立刻拉进与观者的距离，要是再加些趣味性在里面（如图7-5所示），可以让用户使用产品的时候获得一定的愉悦感，增加产品的用户体验。

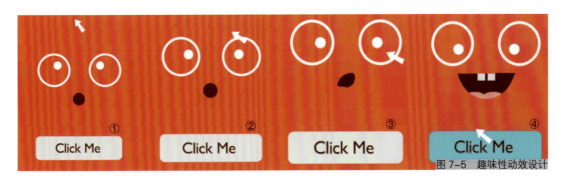

图7-5 趣味性动效设计

7.1.3 动效的设计原则

本文引用美国著名动画大师、卡通设计者、举世闻名的迪士尼公司创始人Walter Elias最初提出来的动画10条原则来阐述，这些原则同样可以非常有效地应用在UI的动效设计中，使我们的动效设计更加合理与完善。

（1）材质

给用户展示的界面元素是由什么构成的：轻盈的还是笨重的？死板的还是灵活的？平面的还是立体的？你需要让用户对界面元素的交互模式有个基本的感觉。

（2）运动轨迹

你需要阐明运动的自然属性。一般原则显示没有生命的机械物体的运动轨迹通常都是直线，而有生命的物体拥有更为复杂和非直线性的运动轨迹。你要决定你的UI给用户呈现什么样的印象，并且将这种属性赋予它。

（3）时间

在设计动效时，时间是最有争议和最重要的考虑因素之一。在现实世界中，物体并不遵守直线运动规则，因为它们需要时间来加速或者减速，使用曲线运动规则会让元素的移动变得更加自然。

（4）聚焦动效

要集中注意力于屏幕的某一特定区域。例如，闪烁的图标会吸引用户的注意，用户会知道有个提醒并去点击。这种动效常用于有太多细节和元素从而无法将特殊元素区别开来的界面中。

（5）跟随和重叠

跟随是一个动作的终止部分。物体不会迅速地停止或者开始移动，物体运动可以被拆解为每个部分按照各自速率移动的细小动作。例如，当你扔个球，在球出手后，你的手也依然在移动。

（6）次要动效

次要动效原则类似于跟随和重叠原则。简要地讲，主要动效可被次要动效伴随。次要动效使画面更加生动，但如果一不小心就可能会引起用户不必要的分神。

（7）缓入和缓出

缓入/缓出是设计的基础原则，尤其是在移动应用中开发UI动效，它和普通的动画制作同等重要。虽然易于理解，但此原则却常常容易被忽略。缓入/缓出原则是来自于现实世界中物体不可能立刻开始或者立刻停止运动的事实。任何物体都需要用一定的时间来加速或者减速。当你使用缓入/缓出原则来设计动效时，将会导出非常真实的运动模式。

（8）预期

预期原则适用于提示性视觉元素。在动效展现之前，我们给用户点时间让他们预测一些要发生的事情。完成预期的一种方法就是使用我们上述的缓入原则。物体朝特定方向移动也可以给出预期视觉提示。例如，一叠卡片出现在屏幕上，你可以让这叠卡片最上面的一张倾斜，那么用户就可以推测出这些卡片可以移动。

（9）韵律

动效中的韵律和音乐与舞蹈中的韵律有着同样的功能，它使动效结构化，使用韵律可以使动效更加自然。

（10）夸张

夸张的表现方法常常会被用到，但它并不是那么容易被阐释，因为它是基于被夸张化的预期动作或效果。它可以帮助吸引额外的注意力到特殊元素上。

关于动效设计，还有一些需要大家在设计的过程中记住的重点。

①记住谁是你的目标用户，并且设计你的原型方案去解决他们的问题。

②请确保你的动效的每个元素都具有其背后的基本原因（为什么是这样？为什么会是如此？为什么这个时间点？）。

③为了使你的产品有特色，努力模仿自然界的运动模式来创造自然的动效。

④在项目的任何阶段，都要随时与开发人员保持沟通。

任何动效的主要任务都是向用户阐释APP的逻辑，都是为产品服务的，它是要完成自己存在的使命的，所以请让动效的每一帧都有它的道理，那样的动效设计才算是成功的，在动效设计中切忌为了炫而炫，为了动效而动效。

7.1.4 动效设计需要注意的几个问题

动效可以告诉我们一些故事。例如，现在就让我看看吧、操作已经完成了等既不会很长，又不会很复杂的故事。动效的目的，并不是娱乐用户，而是让用户理解现在所发生的事情，更有效地说明他们的使用方法。我们不再只是去设计一个静态的画面，而是去思考怎样才能将用户从单纯的画面，引导到实际操作的内容中来。

为了让动效变得好看，功能统一，广泛地应用于内容之中，必须考虑用户的行为和条件状况、被用户注意的地方，或者成功地传达执行动作所得到的结果等各种各样的要素。

（1）不要让载入时间变得又长又无聊

如果无论如何打开网页都需要很长的时间的话，就想办法让用户在等待的时候感受到乐趣吧。动效可以作为消除用户无聊感的代替，通过利用几个连续的动画，让用户感觉到并不是一直在等待，这在绝大多数网站都是十分有用的方法。

（2）不要让页面切换生硬

利用动画效果，可以在切换页面的时候，让用户清楚地看到什么时候在哪里开始，又是在哪里结束。精心设计你的转场，不仅可以吸引用户的注意，还能让他们很快理解现在所发生事情。

当点击链接的时候，滚动可以很好地帮助用户来理解当前所发生的事情。瞬间的切换页面让人有僵硬和牵强的感觉。突然的切换让人有强烈的不适感，让用户在接下来的操作上感到困惑。

（3）说明各个要素之间的关联性

动画，可以直接地提高操作感。例如通常在导航栏菜单中，可以添加平滑的动画来使操作更流畅平稳。利用这种效果，可以让用户轻松地明白按钮有着怎样的功能。

在图7-1的例子中，播放按钮和暂停按钮这两个图标在切换的过程中添加了使它们具有关联性的动效，意味着当你使用其中一个的时候，另一个将不能被使用。在这种情况下，通过利用动效，屏幕上的音乐播放器变得能吸引用户注意而展现在了屏幕中央。图7-2的案例中，当我们点击浮动的图标时，加号的图标变换成了铅笔。通过这样的一个小细节，我们可以知道每个图标会有什么作用，接下来又会发生些什么。

为了强调一些有趣的事情，我们也可以利用动效产生一些有趣的反馈。例如有些登录框，通过添加一些动效，便可以极大地引起重视。如果他输入的是正确的内容，我们可以通过添加一个简单的"点头效果"动画，来表示输入完成。另一方面，我们可以通过添加水平方向的震动来表示输入错误的效果。当用户看到这样的动画时，便可以立刻明白其中的含义。利用上面所介绍的这种动效，可以很方便地让用户理解"你还没有输入"这样的意思。

（4）为了表示已经完成，让我们给用户一个反馈

动效，在给用户的行为动作的结果一个视觉化的反馈时也是非常有用的。基于这样的动效设计原则，为了让用户明白，他们做了些什么，是否已经完成，你可以使用动效来给用户一个反馈。

在图7-3的案例中，当用户点击付款按钮之后，便可以插入一个支付完成的小动画。对于这样的动效，可以告诉用户支付已经完成，这样的细节对用户体验来说也是非常重要的。

通过不断地摸索与使用，动效也会成为你一个非常强大的工具。什么样的动效是必须的，什么样的动效又是不需要的，通过不断地反思，总结经验对于设计者来说是非常必要的。在网页设计或是应用程序设计的的开始阶段，首先来好好考虑一下接下来会用到哪些动效吧。如果像这样来完成设计，可以将内容以视觉性的效果呈现出来。

7.1.5 动效设计常用的软件

（1）Adobe After Effects

AE软件目前属于设计师学动效的首选，它是一款视频特效软件，是被普遍使用的动效和MG 制作软件，功能强大，和其他 Adobe 软件无缝配合，可做的效果也是不限量的，基本上动效需要的功能都有。UI动效制作其实只是用到了这个软件很小的一部分功能而已，要知道很多美国大片都是通过它来进行后期合成制作的，配合PS和AI等，更是得心应手。

（2）Adobe Photoshop

可能很多人都认为PS只是用来作图和处理图像的，并不知道PS可以做动图，然而当AE没有普遍推广起来的时候，一些老UI 设计师们都是用PS做GIF动图的，用Flash 软件做Demo。PS从CS 6之后开始进一步加强了动效的模块，现在的版本能够实现很多相对复杂的动效。很多设计师喜欢用PS 来制作简单的表情动画，逐帧动画用得居多。

（3）Pixate

Pixate是图层类交互原型软件（如图7-6所示），它的优点是可交互，共享性强，和Sketch结合相对高，同时对Google Material Design的支持比较好，有许多MD相关预设。Pixate的缺点是没有时间线，层级管理不是很明确，图层一多就会非常繁杂。

图7-6 Pixate 软件

（4）Quartz Composer & Origami Studio

Apple 的可视化编程软件，搭配 Facebook的Origami（如图7-7左图所示）可以非常好地模拟机器效果，做单页面的动效可以用它。Origami还可以导出直接可实施的代码，所以这个软件需要使用者有代码知识，它是一款超强大的高难度原型工具。Quartz Composer（如图7-7右图所示）是一款图形化的编程工具，专门用来生成各种动态视觉效果，包括可交互的界面原型。Quartz Composer 的优势首先在于它生成的交互原型是可操作的；其次它能生成的动态效果灵活丰富，自由度相当高（它可以自定义曲线控制运动速度与轨迹）。另外它虽然是编程工具，但基本不用写代码就可以实现生成动态效果与交互所需要的效果。

图 7-7　Quartz Composer 软件

（5）Hype 3

　　Hype 3可交互的 Demo，虽然是 HTML5 制作工具，但可像AE一样使用时间轴就可做出可互动的动画（如图7-8所示），PC、手机、Pad端都可以直接访问（以web的形式），也可以导出视频或者GIF。3.0版还有物理特性和弹性曲线，可以发挥更强大的动画效果，并且该软件原生支持中文，配合Sketch效果也很不错。

图 7-8　Hype 3 软件

（6）Flinto

Flinto界面跟Sketch很像，如果会用Sketch软件，那么这款软件上也会手很快。它能够快速实现各种滚动、转场、点击反馈效果，手机和电脑端的预览都非常的流畅（如图7-9所示）。

（7）Principle

这个软件（如图7-10所示）和上面的Flinto有点类似，界面和Sketch类似，同时配合Sketch也非常方便。它主要是做两个页面间过渡专场特效、元素切换、细节动效的工具。优点非常明显，效率高，质感好，缺点就是不能做整套原型。

（8）CINEMA 4D

对于C4D这款软件（如图7-11所示），大家第一反应是它是三维软件，确实没错，但是它同样也可以完成非常优秀的动效设计工作，下面是网络上用C4D做的一些Demo。

图 7-9　Flinto

图 7-10　Principle

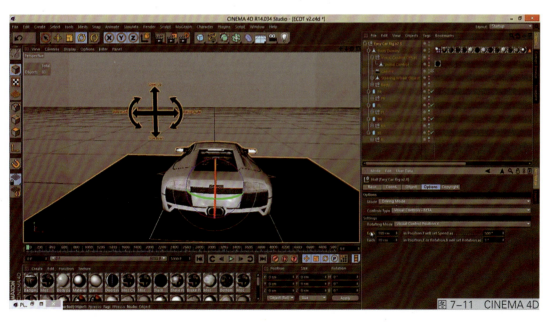
图 7-11　CINEMA 4D

（9）Keynote

Keynote（如图7-12所示）相当于Windows的Powerpoint，是个幻灯片软件。但是，据说苹果的交互设计师都是用Keynote做交互演示的。只要能够熟练掌握这个软件，目前App里的绝大多数动效都是可以做出来的，但是相对复杂一点的动效实现起来就有点不够了。

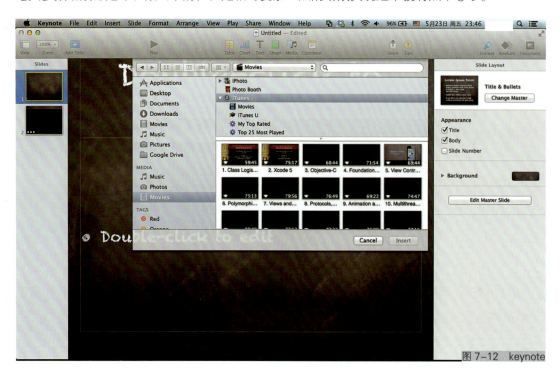

图 7-12　keynote

7.2 声音的互动

信息产品中的声音已经成为交互设计中不可或缺的一部分，它使整个UI设计更加地完整和完善，为用户的使用体验带来更多的新鲜和乐趣。用户已经习惯并享受，甚至有部分依赖于声音与他们的互动，所以做好UI设计的声音部分，让它与用户形成良好的互动也是一个十分重要的工作内容。接下来，我们将通过陈述信息产品中声音的几个作用来深入地理解声音的互动在UI设计中的重要性。

（1）为用户提供操作反馈

用户无论是在PC平台还是在移动平台下使用网页或是应用程序，当他们点击一个按钮或是执行某一个操作行为后，平台需要给予一定的反馈信息给用户，以此来告诉用户你的操作是否完成，这里的反馈信息的呈现方式当然是有多种选择的。不同的平台使用频率最高、最普遍的就是视觉的反馈，它可以通过颜色、材质、大小等的改变来向用户传递反馈信息；触觉反馈，这是移动平台所特有的一种信息反馈方式，用户点击屏幕后，马上能感受到设备给予手指一定频率的震动反馈，告知用户操作完成；最后一种，就是本小节所重点论述的反馈方式，声音的反馈，它同样可以向用户传达操作是否完成的反馈信息。

相较于视觉和触觉反馈方式，听觉反馈有它所特有的优势。针对于PC用户而言，听觉反馈和视觉反馈是最常使用的两种反馈方式，听觉反馈一方面可以向用户发出操作是否成功的反馈，另一方面一些时候相较于视觉反馈而言会更加有效。当用户执行了一项错误的操作，很多的时候，所点击的按键会呈现出一种无变化的状态，用户不明就里地反复点击，这个时候PC一般会发出短暂的警示声音，告知用户刚才的操作是错误的或是无效的；另外，当用户在离开电脑的时候，声音提醒就是最佳的向用户反馈信息的方式。针对移动用户而言，听觉反馈不需要用户点亮手机去查看屏幕，甚至无需将手机拿在手上（当然要保证在可以听到提醒铃声的范围内），用户就可以接收到反馈信息。比如对于喜欢运动的用户，会为自己设定一个运动时间的闹钟，因为运动期间手机不方便携带在身上，也不方便在汗流浃背的时候去打开手机，这个时候就可以通过设定声音提醒的方式告知用户"您的运动时间已经结束了"。这对于移动产品而言有很大的便利性。当然，听觉反馈也有它的局限性，在需要相对安静的场合，听觉反馈就会为用户产生困扰，这个时候视觉和触觉反馈反倒是一个更好地选择。

（2）释放用户的注意力

很多时候，我们的用户在同一个时间可能需要同时做多件事情，他们没有办法一直盯着电脑屏幕或手机屏幕去接收一些反馈信息，这个时候声音提醒就可以释放用户的注意力，让他们做手上需要处理的其他事情，而不用分心去时时盯着电脑屏幕或手机屏幕，放心地去做该做的事情，直到听到相应的提示音后，再去处理这件事情就可以了。声音反馈可以更好地释放用户的注意力，让他们更加专注地去做一件事。

（3）营造产品的使用氛围

人们在使用一些产品的时候，往往会对使用的氛围有较高的需求，它会在一定程度上影响用户的使用感受。这里氛围可以是宁静深远的、激烈紧迫的、轻松自然的、平和清净的等等。不同的氛围会给用户带来不同的使用感受，它也可以让用户在使用产品的时候感受多维度的体验。这在游戏中体现得尤为明显，很多的游戏会根据当时游戏的实时场景需要而给予平缓或激烈、悠远或神秘的背景音乐，以此来为用户营造更加真实的游戏体验。除了在游戏产品里，声音营造氛围，在其他产品里也很常见，比如在"唱吧"这个手机应用中（如图7-13所示），当用户录制自己的唱歌曲目的时候，产品提供给用户多种演唱音效，以此来帮助用户达到更好的演唱效果。

图 7-13 唱吧音效设置界面

还有一些专注写作或阅读的应用或网站，也会在用户使用产品的时候，给用户体验一些比较平和、悠扬、灵动的轻音乐，为用户营造一个很好的使用氛围，让用户更加专注且享受这个过程。事实上，用户在使用电脑的时候，手指敲击键盘的声音也是一个很好的反馈音。

（4）增添产品的使用情趣

我们使用任何类别的产品（购物、看新闻、社交或游戏）的时候，单调的屏幕切换或按键点击相对来说都是比较乏味的，如果这个时候，产品能给予我们的操作一点符合情景的声音反馈，无疑会让用户在使用产品的时候感受更多的乐趣。这在游戏类产品中表现得更加突出，无论是游戏前、游戏中还是游戏完成时，都会有不同的声音反馈给用户。比如在一局游戏完成后，用户表现得非常好，产品反馈"Good！""Unbelievable""Amazing"等提示音，或者掌声的提示音。在用户完成任务的时候，告诉用户目标达成的语音提示（如图7-14所示）等，这无疑会给用户一种无形的鼓励，让用户身临其境。淘宝软件在最近更新的6.5版本中，为软件中的主要操作（底部功能标签的切换、下拉刷新等）都增加了小声效，这个声效一方面告诉用户操作完成与否，一方面也为单调的产品操作过程增添了小情趣，让使用不再单调。

图 7-14 "开心消消乐"任务完成界面

U 7.3 UI 文案设计

UI文案，就是交互界面上的说明和提示文字，主要是用来引导用户完成操作，让他们顺利地达到目的。想要提高用户体验，简洁易懂的UI文案必不可少，它就像一个导游，直接影响用户操作的整个旅程是否顺心愉悦。不过，大量的研究表明用户根本不会仔细阅读网页上的文字，这道理同样适用于手机应用、游戏以及其他交互界面上。大部分用户习惯于粗略地浏览并且摘取只言片语的信息，正如图7-15中所示的手机界面提示框，相信大部分用户都会选择直接点击"下一步"按钮，因为大部分用户都只会浏览第一句话，而自动放弃去阅读后面的大段文字。为什么？是因为人们的懒惰？心不在焉？还是因为他们真的讨厌阅读？无论你同意哪一个观点，结果都是一样的，那就是：用户不会阅读界面上大部分的文字，无论文字多么的优美！因为这个原因，你不能在界面上简单地堆砌文字。在编写文案的时候，你可能会发现原有的设计方案需要进行调整。如果你无法用简单的语言概况一个行为，那么这就表明你的设计过于复杂。

图 7-15　界面文案设计

上面这个例子告诉我们：设计的时候不应该使用无意义的占位符，而是换用真实的文案。下面将向大家介绍一些能让你的文案变得更易于阅读的方法，希望大家可以通过这些方法更好地去设计界面的文案。

（1）精简用语

要帮助用户阅读，最重要的事就是精简你的用词。当你写完草稿后，应该一遍遍地精简它，删去不必要的细节，使用更简洁的词语，直击要点（如图7-16所示）。你的文字越精悍，那它就越可能被用户阅读。

图 7-16　界面文案设计中的语言精简

（2）加上标题

如果你的文字已经精简到你认为无法再精简时还是有多行文本显示，这时候，你可以试着增加一个具有概括性的简短标题，正如图7-17所示，左侧的文字堆积在一起，没有重

图 7-17　为文案加上标题

点，文字较多，用户一般不乐意去阅读。右侧文字经过提炼加入标题，重点性就会很强，用户完全可以根据标题的浏览快速获取下面文字行的内容，或者可以根据标题内容决定是否去阅读内容行。在加标题的时候可以使用一些用户可能会关心的关键词，当他们需要进一步了解的时候就会深入阅读，因为标题会让你的内容更有可读性。

（3）分点论述

当我们去阅读一段文字的时候，我们的视线会趋向于从上至下地浏览，而且当你在一个段落中大量地使用"和""或者"的时候，可以试试分点论述的方法。因为以分点论述为形式的段落更易于阅读。正如图7-18所示，给用户一大段文字会造成用户对文字阅读的排斥心理（没有用户愿意花时间去阅读大量的文字，除了书本和期刊等），这个时候最好的办法就是将大段的文字进行内容提炼，以一个点一个点的方式呈现，这样无论从文字显示的角度还是从用户阅读信息的角度，都无形中降低了很多的负担。

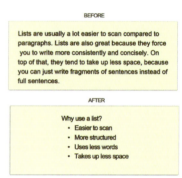

图7-18　分点论述

（4）给用户提供一个休息的间隙

许多产品本身就很注重内容的呈现，这是没有问题的，但是有时候文字一大段接着一大段连续地出现，会对阅读造成较大的困难。

当我们的界面文案设计需要写下大段文字的时候，可以试着使用许多缓解阅读疲劳的元素，比如破折号、图片、标题、例子等，以及其他可以打破文字墙的元素，这些元素可以为读者提供一个休息的间隙，而且这也为读者提供了思考的时间，同样如果他们愿意也可以选择跳过并继续阅读。

（5）优化文本信息的主次关系

当我们在设计文案的时候，应该考虑如何强调界面上最为重要的文字，然后如何弱化那些非重点的文字或其他元素。在设计当中，这也被称为视觉层次，我们可以通过凸显视觉层次的方式，向用户传达我们所传达信息内容的主次关系。

这种信息的主次关系可以通过不同的字体、字号、字色、对比度、大小写、行间距、字间距以及文字段落的对齐方式等来完成，所有的这些都会对读者的阅读造成或多或少的影响（如图7-19所示）。我们需要仔细调整每一个特性，权衡比重，直到找到最平衡的状态。

图7-19　优化文本信息的主次关系

（6）分段展示

当我们需要教会用户如何使用某个新的功能时，有些设计师很可能会把所有信息都一股脑地堆在界面上，并且认为用户能够读懂并理解它。但事实上，一旦界面上的文字超过了两三行，很多用户可能就不会去阅读它。

面对上面的这种情况，我们可以尝试将需要传达给用户的大段文字进行适当地拆解，以分段的形式一点点地展现给用户，这样每次用户就只需要阅读少量的文字，就可以慢慢地获取文本中所要传达的信息内容了，这个方法也叫作渐进式揭露（如图7-20所示）。

图 7-20 分段展示信息

另外，针对一些无法精简或拆解的大量信息，或者是一些信息的详细说明部分，我们可以采取的方法有两种：一方面，我们可以通过为其添加一个跳转链接的功能按键，比如"了解详情""查看更多""更多"等，通过点击来实现页面跳转，跳转后的页面包含了用户想要了解的产品的详细信息；另一方面，我们也可以以一些相关的图形符号（或按键）来向用户表达，点击这个图形符号（或按键）可以打开（或跳转到）相应信息的详情页面，用户可以深入了解它。图7-21所示是"有道"词典英文查询的结果页面，途中方框所标记的三个部分就是典型的将详细信息暂时隐藏起来的设计，如果用户根据自己的需要，想要了解它的详细注解的话，就可以点击这些按钮来实现这个需求。

文字本身就具备承载信息的强大作用，它们帮助我们了解、认识世界。面对当下大部分的用户都不喜欢阅读的这个挑战，我们的目标是通过我们的设计，让阅读变得尽可能简单、清晰且流畅，帮助人们更好地了解并感受这个设计或应用。

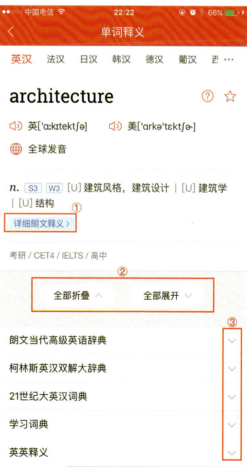

图 7-21 "有道"字典的信息分段显示

参考文献

[1]Alan Copper，Robert Reimann，David Cronin. About Face交互设计精髓4[M]. 北京：中国工信出版集团，电子工业出版社，2015.

[2]常丽. UI设计必修课[M]. 北京：人民邮电出版社，2015.

[3]傅小贞，胡甲超，郑元拢. 移动设计[M]. 北京：电子工业出版社，2013.

[4]李洪海，石爽，李霞. 交互界面设计[M]. 北京：化学工业出版社，2011.

[5]黄琦，毕志卫. 交互设计[M]. 杭州：浙江大学出版社，2012.

[6]赵大羽，关东升. 品味移动设计[M]. 北京：人民邮电出版社，2013.

[7]Jesse James Garrett. 用户体验要素[M]. 北京：机械工业出版社，2013.

[8]刘伟. 走进交互设计[M] . 北京：中国建筑工业出版社，2013.

[9]程能林. 工业设计概论（第3版）[M]. 北京：机械工业出版社，2011.

[10]许喜华. 工业设计概论[M]. 北京：北京理工大学出版社，2014.